国家“双高计划”水利水电建筑工程高水平专业群活页式教材

QGIS 地理信息系统实战

主　编　盛　坤

副主编　王　峰　汪明霞　王宏涛　张鹏飞

·北京·

内 容 提 要

本教材坚持以实用为主导，吸收了国内外最新研究成果，充分体现适用性和先进性。全书共分9章，前5章重点介绍GIS的基本概念和原理，随后重点讲解与专业相关的4个实战项目，重在培养学生的GIS应用技能。主要内容包括：GIS的基本概念、QGIS软件介绍、制作地图、坐标参照系统、数据基本操作、空间插值实例、流域分析实例、河流网络分析实例以及利用遥感图像绘制干旱地图实例。

图书在版编目（CIP）数据

QGIS地理信息系统实战 / 盛坤主编. -- 北京 : 中国水利水电出版社, 2023.10
国家“双高计划”水利水电建筑工程高水平专业群活页式教材
ISBN 978-7-5226-1694-0

Ⅰ. ①Q… Ⅱ. ①盛… Ⅲ. ①地理信息系统－高等职业教育－教材 Ⅳ. ①P208.2

中国国家版本馆CIP数据核字(2023)第186137号

书　名	国家“双高计划”水利水电建筑工程高水平专业群活页式教材 **QGIS 地理信息系统实战** QGIS DILI XINXI XITONG SHIZHAN
作　者	主编　盛　坤 副主编　王　峰　汪明霞　王宏涛　张鹏飞
出版发行	中国水利水电出版社 （北京市海淀区玉渊潭南路1号D座　100038） 网址：www.waterpub.com.cn E-mail：sales@mwr.gov.cn 电话：(010) 68545888（营销中心）
经　售	北京科水图书销售有限公司 电话：(010) 68545874、63202643 全国各地新华书店和相关出版物销售网点
排　版	中国水利水电出版社微机排版中心
印　刷	北京市密东印刷有限公司
规　格	184mm×260mm　16开本　9.75印张　231千字
版　次	2023年10月第1版　2023年10月第1次印刷
印　数	0001—1000册
定　价	**35.00**元

前言

为了满足水利工程、水生态修复技术、水土保持技术等专业学科教学的需求，编写了该教材。本教材坚持以实用为主导，吸收了国外最新研究成果，突出了高等职业教育的特点，充分体现了适用性和先进性。

市场上有多个地理信息系统软件（GIS 软件），选择开源 GIS 作为教学内容的原因有：首先，软件免费、资源开放，学生可以便捷地获取最新的学术思想，使用最新的 GIS 功能；其次，开源 GIS 兼容性强，选择的自由度高，学生毕业后可以根据需求选择商业软件或开源软件作为生产工具。但是，QGIS 教学资源少，不利于推广；官方文档系统性差，不适合初学者使用；而且，帮助文档以英语为主，不利于国内学生使用。QGIS 在国外的水文、农业、生态等领域应用较多，但国内这方面的应用较少，缺乏适合学生使用的教材。

本教材在提供必要的 GIS 基础知识的前提下，以项目应用为特色。主要内容包括：GIS 的基本概念、QGIS 软件介绍、如何制作和分析地图、坐标参照系统、GIS 数据获取和管理、空间插值实例、流域分析实例、河流网络分析实例以及利用遥感图像绘制干旱地图等。为突出实用性，满足职业教育的需求，本教材在介绍 GIS 的基本概念和原理之后，重点讲解与专业相关的 4 个实例，重在培养学生的 GIS 应用技能。建议设置 40～60 个学时，上机实习学时不少于一半。

本教材共九章，前五章和第九章由盛坤编写，第六章由王宏涛编写，第七章由张鹏飞编写，第八章由王峰和汪明霞编写。全书由盛坤担任主编，并负责统稿。

在教材的编写过程中，广泛参考了近年来国内外相关领域的专著和论文。尽作者所知，所有参考文献均已列于文后。但是有些材料出处不明，未能全部列出，谨致歉意。

由于作者水平有限，且编写时间仓促，书中难免错误和不足，敬请读者批评指正。作者邮箱：skun5@qq. com。

非常感谢双高专项对本教材编写工作的支持！

作者

2023年9月于开封

目 录

第一章

引　言

第一节　什么是 GIS

一、GIS 的定义

当前存在着多个关于 GIS 的定义，要选择一个权威的、准确的定义是比较困难的。这主要是因为 GIS 的定义主要取决于使用者的目的、背景知识和视角。同时，伴随技术的进步和应用领域的拓展，GIS 的定义也在发生变化。

Rhind 将 GIS 定义为一个能够处理和使用数据来描述地球表面位置信息的计算机系统。Burrough 认为 GIS 是一组工具的集合，基于特定的目的，这些工具可用于收集、储存、查询、转换和显示来自于真实世界的空间数据。美国联邦数字地图协调委员会（Federal Interagency Coordinating Committee on Digital Cartography，FICCDC）将 GIS 定义为一个由计算机硬件、软件和不同的方法组成的系统，该系统可以进行空间数据的采集、管理、处理、分析、建模和显示，以便解决复杂的规划和管理问题。

从上述定义可以看出，GIS 的定义一般包括 3 个主要部分，即 GIS 是一个计算机系统、可以使用空间数据以及能够管理和分析这些数据。从应用出发，本教材采用 Kang（2019）的定义，该定义指出 GIS 是地理信息系统（geographical information system）的缩写，指用于地理信息的收集、储存、查询、分析和展示工作的计算机硬件和软件的集合。

要理解该定义，还需明白：什么是信息？什么是地理空间或空间信息？用于 GIS 工作的必要的计算机系统应该包括哪些物理和虚拟组件？标准的 GIS 软件应该具备哪些功能？

二、数据和信息

数据（data）和信息（information）经常在一起出现，很多时候二者是混用的，但是实际上二者却有很大的差异。数据是对真实世界的描述，在计算机科学中指通过数字化以记录下来并被人类所识别的符号。数据有多种表现形式，如数值、文本、符号、图像和声音等。数据本身并没有意义，只有在特定的语境（context）中才有意义。

比如，在智慧灌溉领域常使用土壤水分传感器采集土壤含水量数据，传感器发送回来的数值在离开“安置在农田中的用于采集土壤含水量的传感器”这个语境后是没有任何明确的意义的。安置在农田中的土壤水分传感器通过高低电平对土壤水分含量的变化做出反应，模数转换模块将高低电平转换为二进制的0、1信号，二进制信号再被翻译为十进制数值，此时可能看到“29”这个数值。在知道数值“29”来自于“安置在农田中的用于采集土壤含水量的传感器”之后，能得到一条信息“此时农田土壤体积含水量为29%”。在这里“安置在农田中的用于采集土壤含水量的传感器”就是语境，数值“29”就是数据，离开特定的语境数值“29”便没有任何意义。

从上面的例子还可以看出，“信息＝数据＋语境”。在GIS中，信息是指表征事物特征的一种形式。在上面的例子中，“农田土壤体积含水量为29%”就是一条信息，它描述了农田土壤的水分状况。信息是数据的集合或融合，能够增加人类的知识水平。但是信息并不全是“正确的、有用的”，只有“正确的、有用的”信息才有利于加深人们对事物本质的认识，才会对决策过程产生有利的影响。数据是信息传输的载体，但是数据并不保证信息的有效性。数据以比特流的形式传输，在传输过程中唯一的要求是保证数据的完整性。

三、地理信息

GIS中的数据来源于地理空间。地理空间是指上至大气电离层，下至地壳与地幔交界的莫霍面之间的空间区域。本教材所讨论的地理空间特指地球表面，并且主要限制在二维平面空间。因此，在本教材中空间信息和地理信息是可以互换的。

地理信息是指地理数据所蕴含和表达的地理含义，地理数据是与地理环境要素有关的物质的数量、质量、分布特征、联系和规律的数字、文字、图像等。地理信息区别于其他信息的典型特征是空间特征。

空间特征是指地理现象的空间位置及其相互关系。地理信息总是包含着位置数据，这些位置数据有着可以相互转换的定位系统，称为地理坐标系统。一般地，按照经纬网或公里网建立地理坐标来确定地理位置。事实上，发生在人们身边的一切现象均具有位置信息。为了简化研究过程，人们往往只关注和研究与目的相关的信息，而常常忽略位置信息。在GIS中位置信息不能被忽略，人们要从位置信息中找到事物发展的规律。比如在水生态保护中，研究环境污染物随水流的迁移规律，污染物分布的空间信息就是主要的研究对象。

除了空间特征，地理信息还具有时间特征和属性特征。时间特征也称为时序特征，指地理现象随时间而发生的变化。通常可以按照时间的尺度区分地理信息。空间特征和时间特征结合在一起可构成“时空数据”，在本教材中不涉及“时空数据”。属性特征是指表示地理现象的名称、类型、数量等。以环境污染物的空间分布为例，污染物的类型和浓度等信息就是属性特征。

四、GIS的基本组成

如同GIS的定义一样，GIS的组成部分也有多种表述，有的将其分成系统硬件、系统软件、空间数据、应用人员和应用模型；有的将其分成计算机系统、软件、空间数据、数据分析、管理程序与使用人员。地理数据、计算机系统（硬件和操作系统）和GIS软件是构成GIS的最基本的三个部分。

（一）地理数据

所要处理的地理数据以及这些数据的处理和解释过程构成 GIS 工作的核心内容。地理数据对于 GIS 而言就像汽油对汽车，没有汽油再好的汽车也无法行驶。地理信息的典型特征是位置信息，要定位地球表面的位置信息，可以使用地理坐标系统或者投影坐标系统。地理坐标系统使用经纬度表示位置信息，投影坐标系统使用（x，y）坐标表示位置信息。地图图层在展示不同坐标系统的地理数据时，应该将数据转化为相同的坐标系统，从而保持空间对齐。

地理数据在 GIS 中可以表示为矢量数据结构（vector data model）和栅格数据结构（raster data model）两种形式。栅格数据使用点、线和面三种元素表示空间要素，这些空间要素通常具有清晰的空间位置和边界，如河流、农田和村庄等。栅格数据使用网格和网格中的格子表示空间要素，如点要素用单个格子表示，线要素用相互连接的格子序列表示，面要素用连续的格子集合表示。栅格数据常用来描述连续变化的现象，如高程和降雨量。

地理数据有多种来源，纸质地图是早期 GIS 的重要数据来源之一。除了地图以外，实地调查数据、航空照片、卫星图片和全球定位系统等都是 GIS 的重要数据来源。纸质地图需要进行数字化工作才能输入进 GIS 中，常见的数字化仪器有图形手扶跟踪数字化仪和图形扫描仪。纸质地图扫描后得到栅格数据，需要进行地理配准才能使用，栅格数据再经过矢量转换可以得到矢量化的地理数据。伴随数字化采集设备、遥感技术的应用，通过纸质地图获取地理数据的方式正逐渐被替代。调查数据在 GIS 中也占有重要地位，在环境保护和农业科学研究中经常遇见实地调查数据集，这些数据集带有空间参照信息，能够在地球表面定位每个数据的来源。调查数据中的空间信息通常使用全球定位系统获取。航空照片和卫星图片为 GIS 提供了海量的数据，这些数据通常包含与研究无关的信息，因为它们只是地球在某个时间的“快照”。要想从航空照片和卫星图片中获得有用的信息必须对图片进行处理和解译，本教材在有关制作干旱地图的章节介绍了卫星图片的处理过程。

（二）计算机系统

计算机系统包括硬件和操作系统两部分，硬件配置以满足操作系统和 GIS 软件的基本需求并留有一定的余地为宜，以利于提高工作效率并改善操作体验。当前消费端的微机操作系统以 Windows、MacOS 和 Linux 为主，其中 Windows 操作系统占据主导地位。Windows 11 操作系统对微机硬件的最低要求如下：

处理器：1 GHz 或更快的 64 位处理器。

内存：4 GB 或更大。

存储：64 GB 或更大的可用磁盘空间。

显卡：与 DirectX 12 或更高版本兼容，具有 WDDM 2.0 驱动程序。

系统固件：UEFI，支持安全启动。

TPM：受信任的平台模块（TPM）版本 2.0。

显示器：高清（720p）显示器，9 英寸或更大，8 位色深。

Internet 连接：Windows 11 家庭版版本需要 Internet 连接和 Microsoft 账户才能在

首次使用时完成设备设置。

在实际使用时往往需要远高于上述配置才能有较好的体验。地理数据分析和大型矢量数据展示对 CPU 和内存有较高的需求，CPU 至少是 Intel 酷睿 i5 或者同等性能，推荐使用 i7，内存至少 16 GB，推荐 32 GB。数据库查询对硬盘读写速度要求较高，同时存储栅格数据需要较大的磁盘空间，因此至少采用 500 GB 的固态硬盘，推荐 1 T 容量的固态硬盘。3D 地图展示需要与英伟达专业图形显卡 T600 性能相当的 GPU。英伟达游戏显卡 RTX 3050 性能高于 T600 且支持光线追踪功能，也是较好的选择。

（三）GIS 软件

GIS 软件的主要功能是指导计算机完成地理数据的管理、分析、展示和其他方面的任务，分为应用程序和程序脚本两类，有商业软件和开源软件两个阵营。应用程序通常具有图形用户界面接口（GUI），如菜单栏、工具栏、状态栏、工作区和命令行等，GUI 完成用户和计算机的交流工作。应用程序要运行在操作系统之上，常见的操作系统包括 Windows、MacOS、和 Linux。当前 Windows 操作系统占据主导地位，因此本教材以运行在 Windows 操作系统上的 GIS 为例进行讲解。除了应用软件之外，在 GIS 数据分析中经常会用到程序脚本，这些脚本通常用 Python、Java、JavaScript、SQL、C/C＋＋和 R 等计算机语言编写。使用程序脚本可以完成一些通过 GUI 无法完成的数据分析工作，也有利于实现分析例程的自动化。

商业软件的优势在于可靠的技术支持，开源软件的优势在于免费和易于学习新技术、新方法。ArcGIS 在商业软件领域占据重要的地位，开源软件中 QGIS、GRASS、SAGA 和 R 都有广泛的应用人群。ArcGIS 的帮助文档优于 QGIS 和 SAGA，其中一些内容适合当作教程使用。GRASS、SAGA 和 R 在地理数据分析和统计制图等方面优于 ArcGIS，尤其是 R 中经常会遇见一些新的统计分析方法，对开展科研工作比较有利。常用的商用 GIS 软件见表 1－1，热门的免费和开源 GIS 软件见表 1－2。

表 1－1　常用的商用 GIS 软件（改写自 Kang，2019）

机　构	软件名称	机　构	软件名称
Environmental Systems Research Institute（Esri）	ArcGIS 和 ArcGIS Pro	Autodesk Inc.	AutoCAD Map3D
Pitney Bowes	MapInfo	北京超图软件股份有限公司	SuperMap GIS 11i（2022）
中地数码集团	MapGIS 10.6	吉奥时空信息技术股份有限公司	GeoGlobe
Bentley Systems，Inc.	Bentley Map	Intergraph/Hexagon Geospatial	GeoMedia
Blue Marble	Global Mapper	Manifold	Manifold Release 9
General Electric	Smallworld GIS	Clark Labs	TerrSet 2020

表 1－2　热门的免费和开源 GIS 软件（改写自 Kang，2019）

机　构	软件名称	机　构	软件名称
QGIS Community	QGIS	Center for Spatial Data Science，University of Chicago	GeoDa 1.20

续表

机　构	软件名称	机　构	软件名称
Open Source Geospatial Foundation	GRASS GIS 8.2.1	gvSIG Community	gvSIG Desktop
The University of Twente	ILWIS 3.3	MapWindow GIS Project	MapWindow
Open Jump	OpenJUMP	SAGA User Group	SAGA
Refractions Research	uDig		

本教材选用 QGIS 作为教学软件，主要基于两个方面的原因：一是 QGIS 开源免费，无需支付额外的费用，便于学生获取。同时，开放的源码有利于学生理解背后的技术原理，未来选用商用软件时比较容易。商用软件弱化实现技术的介绍，不同软件间技术细节有较大的差异，所以在不同商用软件间切换比较麻烦，需要花费较多的学习成本。如果在学校中学习商用软件，工作以后在 GIS 软件选择方面会受到限制。二是便捷的图形界面接口，便于学生入门。GRASS、SAGA 和 R 在地理数据分析方面有较大的优势，但是这些软件图形界面过于简单，给学生学习带来额外的负担。

QGIS 是一个专业的 GIS 应用程序，是地理空间开源基金会（the Open Source Geospatial Foundation，OSGeo）的一个专项。QGIS 使用通用公共许可（the GNU General Public License，GPL），属于自由及开放源代码软件（Free and Open Source Software，FOSS）。GPL 是由自由软件基金会发行的用于计算机软件的协议证书，使用该证书的软件被称为自由软件。GPL 保证任何人有发布自由软件的自由（如果你愿意，你可以对此项服务收取一定的费用），保证人能够获得源程序，保证任何人能修改软件或将它的一部分用于新的自由软件。自由及开放源代码软件可以被任何人自由地使用、复制、研究和以任何方式来改动软件，并且其源代码是开放和共享的。这类软件鼓励志愿者参与软件的设计和改进工作，因此软件社区的活跃程度往往决定了软件的发展。相对而言，专有软件的版权受到严格的保护，其源代码通常不对用户开放，用户不知道其背后的技术细节。

QGIS 的核心模块提供空间数据的管理、编辑、分析和可视化等功能，满足简单的 GIS 工作需要。QGIS 还提供丰富的插件和外部程序接口，插件可以完成一些特殊的、复杂的操作，外部程序接口方便 QGIS 与其他程序或计算机语言联用。QGIS 的插件也由用户免费提供，其数量庞大，涵盖几乎所有 GIS 应用领域。Python、GRASS 和 R 与 QGIS 联用的情景较多，Python 脚本易于实现分析工作的自动化，GRASS 在表面分析和流域分析方面功能强大，R 在空间数据分析和地理统计方面功能较强。因此，QGIS 能够满足教学和科研工作的需要。

五、GIS 的基本功能

GIS 的基本功能包括数据采集、数据管理、数据编辑和处理、空间数据分析和统计、产品制作与展示和二次开发和编程六项，这些基本功能进行有机地组合就能够完成复杂的空间分析工作，如河流污染物分布、流域分析、河流网络分析、农业干旱地图制作等。

（一）数据采集

“空间分幅，属性分层”是GIS管理地理数据的特点。所谓“属性分层”就是把地理数据归纳为不同性质的专题或层。数据采集功能就是把各层的地理要素转化为地理坐标和属性对应的代码输入到计算机中。根据研究的需要，各层可以采用不同的数据结构，比如使用栅格数据表示背景地图，使用矢量数据表示建筑层、道路层、河流层和地下管线层，然后将全部图层叠加在一起，构成城市基础设施网络地图。

（二）数据管理

地理数据通常使用地理信息系统数据库进行存储和管理。地理信息系统数据库又称为空间数据库，是地理要素以一定的组织方式存储在一起的相关数据的集合。地理信息系统数据库是数据库的一种具体实现形式。数据库是一个以某种有组织的方式存储的数据集合。最简单的办法是将数据库想象成一个文件柜。这个文件柜是一个存放数据的物理位置，不管数据是什么，也不管数据是如何组织的。地理信息系统数据库不仅具备常规数据库的属性数据管理功能，而且具备空间数据（位置信息）的管理功能。空间数据之间可能包含拓扑信息，这是空间数据库所要处理的难点之一。地理信息系统数据库的空间数据管理功能主要包括：空间数据库的定义、数据访问和提取、通过空间位置检索空间实体及其属性、按属性值检索空间实体及其位置、提取给定空间范围内的空间实体及其属性值（开窗）、依据空间位置对空间实体进行拼接（接边）、数据更新和维护等。

（三）数据编辑和处理

数据编辑和处理是指对地理数据进行形式上的操作，不涉及实质性内容。GIS中的数据往往来源于多个数据源，在数据格式、空间解析度、数据结构等方面存在差异。要将这些数据放在一起分析，就需要首先进行数据处理工作。对于原始数据中的错误、数字化过程中出现的错误等应首先进行编辑。对于不同空间解析度的栅格数据而言，常常将全部数据的空间解析度降低到解析度最小的数据源的水平，这样可以保持必要的精度、降低存储空间并提高分析效率。常用的数据处理操作还包括：

（1）数据变换：将数据从一种数学状态转换为另一种状态，包括变换投影坐标系统、几何纠正、比例尺缩放等。

（2）数据重构：将数据从一种几何形态转换为另一种几何形态，包括数据拼接、数据裁剪、结构转换等。

（3）数据提取：从数据集中按预设的条件提取子集，包括类型选择、窗口提取和布尔提取等。

（四）空间数据分析和统计

空间数据分析和统计是GIS的特有研究领域，是GIS区别于其他数据分析软件的重要标志。空间数据分析和统计的目的是找到地理实体之间的空间关系。比如空间插值探索已知点的属性值随空间位置变化的规律，也就是已知点属性值间的空间关系，利用这种关系推求位置点的属性值。叠合分析和缓冲区分析是矢量数据模型的两个基本分析功能。叠合分析通过将同一地区若干个图层相叠加，不仅建立新的空间数据，而且能将输入的属性数据予以合并，易于进行多条件的查询检索、地图裁剪、地图更新和统计分析等。缓冲区分析是在点、线或面等地理要素的周围建立一定宽度的缓冲多边形，以确定不同地理要素的空间临近性或其影响范围。例如在林业规划中，需要距河流一定距离划定禁止砍伐区，防止水土流失。表面分析可以计算地表的坡度、坡向，从而得到水流的方向，描绘河网和流域，在建立水力学模型方面占有重要的地位。

（五）产品制作与展示

纸质地图是 GIS 的传统产品。专业的地图包括标题、地图主体、图例、比例尺以及其他元素，是将地理信息转递给读者的重要载体。要制作一个好的地图，需要理解地图符号、颜色和拓扑，以及它们与地图数据之间的关系。同时，还要熟悉地图的设计原则，如布局和视觉层次等。GIS 的地图制作功能包括：设置地图范围、投影、比例尺，组织地图要素显示顺序，定义文字字型字号，设置地图符号的大小和颜色，标注图名和图例，以及图形编辑等。GIS 在生成地图以后，可以打印成纸质版，也可以通过电子文档的形式分发。除了地图以外，图像、图表和文本也可以作为 GIS 产品的存在形式。随着技术的发展，3D 打印地图和虚拟现实也成为当前 GIS 产品的主要形式。

（六）二次开发和编程

GIS 的二次开发环境使其能够适应多个领域的要求，拓宽了其应用范围。QGIS 拥有 Python 脚本编辑器以及与 GRASS、SAGA 和 R 整合的接口，用户可以方便地编写自己的地理信息处理脚本，也可以生成可视化的用户界面，拓展 QGIS 的功能。

第二节　本书的数据集

一、数据集 1：默兹（meuse）河沿岸重金属污染问题

面向水生态修复专业，主要讲解空间插值问题，详细数据、分析过程和分析结果见第六章。该数据集包含了四种重金属浓度数据和少量的协变量，这些数据采集自 meuse 河河泛区平原的表层土壤。默兹（法语：meuse）河也称马斯（荷兰语：maas）河，发源于法国朗格勒高原，流经比利时，最终在荷兰注入北海，全长 925km，是欧洲的主要河流。meuse 数据集（表 1－3）包含采集自默兹河冲积平原 155 个土壤样点的数据，取样深度为 0～20cm。土壤样品的取样区位于荷兰南部的 Stein 村庄附近，取样区的面积为 $5\times2km^2$。这些样点具有以当地坐标系统为参照的坐标信息。样点的空间精度为 $10\times10m^2$，在此面积区域内的土壤样品使用分层随机取样法进行混合。土壤样品中的重金属含量（镉、铜、铅和锌）使用化学方法进行测定。meuse 数据中变量的含义：x，y 是位置信息，使用的投影坐标系为 Amersfoort/RD New，EPSG 编号为 28992，单位为 m。cadmium、copper、lead 和 zinc 分别是重金属镉（Cd）、铜（Cu）、铅（Cd）和锌（Zn）的含量，单位是 ppm。elev 是取样点的高程，单位是 m。ffreq 是洪水泛滥频率，1 表示每年一次，2 表示 2～5 年一次，3 表示每 5 年一次。soil 是指土壤类型。dist. m 是取样点距离河道的距离，单位是 m。

试验假设：污染沉降物由河流携带并传播，主要沉积于河流沿岸和低洼地区。该数据集是一个单独的 Comma－separated values（CSV）文件。本文利用空间插值技术制作重金属含量的空间分布图，直观的描述上述试验假设。

表 1-3 meuse 数据表头

	x	y	cadmium	copper	lead	zinc	elev	ffreq	soil	dist. m
1	181072	333611	11.7	85	299	1022	7.909	1	1	50
2	181025	333558	8.6	81	277	1141	6.983	1	1	30
3	181165	333537	6.5	68	199	640	7.8	1	1	150
4	181298	333484	2.6	81	116	257	7.655	1	2	270
5	181307	333330	2.8	48	117	269	7.48	1	2	380
…	…	…	…	…	…	…	…	…	…	…

数据出处：数据出自 P. A. Burrough 和 R. A. McDonnell 在 1998 年出版的 *Principles of Geographical Information Systems* 一书，Roger S. Bivand，Edzer Pebesma 和 Virgilio Gómez-Rubio 在 *Applied Spatial Data Analysis with R* 一书中进行了详细的分析。

二、数据集 2：流域分析

面向水利工程和水生态，主要讲解流域分析问题，详细数据、分析过程和分析结果见第七章。该项目使用开源 DEM 数据，绘制德国鲁尔河（以下称为 rur 河）的河道和流域，目的在于演示流域分析的工作流程。rur 河在鲁尔蒙德汇入数据集 1 介绍的 meuse 河。

数据出处：Hans van der Kwast 和 Kurt Menke 的 *QGIS for Hydrological Applications* Recipes for Catchment Hydrology and Water Management 一书的第 4 章：Stream and Catchment Delineation。

三、数据集 3：河流网络分析

面向水生态和水利工程，主要讲解有向简单网络分析，详细数据、分析过程和分析结果见第八章。河流网络分析可用于研究水源或上游污染物对下游的影响、物质（N）流的运输路径和水生生物的分布等。本项目使用一组虚构的河流网络数据，演示如何进行河网分析和查找路径。法国渔政部门在某条河里发现了路易斯安那螯虾（the Louisiana crayfish，我国俗称小龙虾）的存在，这是一个外来入侵物种，对当地水生生物有不利的影响。为了探明小龙虾的空间分布，渔政部门决定实施一项研究。该研究使用来自于河流观测站的观测数据，探明受小龙虾影响的河段的特征，识别出哪些区域易受小龙虾的入侵。

数据出处：Nicolas Baghdadi，Clément Mallet 和 Mehrez Zribi 编辑的丛书第 4 卷 *QGIS and Applications in Water and Risks* 中，由 Hervé PELLA 和 Kenji OSE 撰写的 Network Analysis and Routing with QGIS 一章。

四、数据集 4：绘制干旱地图

面向农业水利工程，主要讲解利用卫星图像制作干旱地图，详细数据、分析过程和分析结果见第九章。使用基于 NDVI MODIS 图像时间序列的干旱指数，以 250m 的空间分辨率监测法国的干旱情况。目的是展示如何使用 QGIS 软件监测土壤干旱。

数据出处：Nicolas Baghdadi，Clément Mallet 和 Mehrez Zribi 编辑的丛书第 4 卷 *QGIS and Applications in Water and Risks* 中，由 Mohammad EL HAJJ、Mehrez

ZRIBI、Nicolas Baghdadi 和 Michel LE PAGE 撰写的第六章 Mapping of Drought。

本章知识点

（1）GIS 是地理信息系统（geographical information system）的缩写，指用于地理信息的收集、储存、查询、分析和展示工作的计算机硬件和软件的集合。

（2）数据是对真实世界的描述，在计算机科学中指通过数字化形式记录下来并被人类所识别的符号。

（3）信息是指表征事物特征的一种形式，信息＝数据＋语境。

（4）地理空间是指上至大气电离层，下至地壳与地幔交界的莫霍面之间的空间区域。

（5）地理信息是指地理数据所蕴含和表达的地理含义。

（6）地理数据是与地理环境要素有关的物质的数量、质量、分布特征、联系和规律的数字、文字、图像等。

（7）地理信息具有空间特征、时间特征和属性特征。

（8）地理信息区别于其他信息的典型特征是空间特征。

（9）空间特征是指地理现象的空间位置及其相互关系。

（10）计算机系统（硬件和操作系统）、GIS 软件和地理数据是构成 GIS 的最基本的三个部分。

（11）地理数据在 GIS 中可以表示为矢量数据结构（vector data model）和栅格数据结构（raster data model）两种形式。

（12）纸质地图、实地调查数据、航空照片、卫星图片和全球定位系统等都是 GIS 的重要数据来源。

（13）QGIS 是地理空间开源基金会的一个专项，属于自由及开放源代码软件。

（14）GIS 的基本功能包括数据采集、数据管理、数据编辑和处理、空间数据分析和统计、产品制作与展示和二次开发和编程等。

复习思考题

（1）什么是地理信息系统？

（2）阐述数据和信息的区别和联系。

（3）什么是地理信息，地理信息的特征有哪些？

（4）GIS 的基本组成有哪些？

（5）GIS 的基本功能包括哪些方面？

（6）举例说明 GIS 在水利工程和水生态修复等专业领域的应用。

第二章

初识 GIS 软件

计算机的典型特征之一是“层次性”，其形象的比喻是“洋葱”。层次性结构是通过封装实现的，每一层都被封装为相对独立的模块，向其临近层暴露通信的接口，实现信息交流和控制。最外层向用户暴露控制和输出接口，也就是常见的键盘、鼠标和显示器。用户要使用计算机时并不需要了解太多计算机底层的原理，如时钟、累加器、寄存器、RAM 等，只要学会和最外层的操作系统交流即可。以安装 Windows 操作系统的微型计算机为例，GIS 软件（如 QGIS）运行在 Windows 系统之上，用户要想熟练操作 GIS 软件应该首先掌握 Windows 系统的操作技能，在此基础上再了解与 GIS 软件运行有关的数据库和函数库，最后要熟练地掌握 GIS 软件的基本功能和基本操作技能。掌握 GIS 软件的基本操作技能之后，结合相关学科的概念和原理即可走向实战。

本章包括 3 部分，分别是计算机的基本操作技能、关系型数据库和 QGIS 软件介绍。相关的知识包括：Windows 系统的文件组织方式、文件的管理、文件命名规则、应用软件的安装和卸载、数据库及其管理程序和 QGIS 的用户界面。通过本章的学习，学生应掌握创建一个 GIS 项目所要求的计算机软件操作技能。

第一节　计算机基本操作技能

一、组织数据文件

在 Windows 系统中，文件的组织形式采用的是一种树型结构。树型结构由节点和边组成，节点代表文件，边代表两个节点之间的关系。节点间可以是父子关系，也可以是平行关系。树型结构都有一个根节点，它是树的开始，根节点没有父节点。其他节点都有一个或多个父节点，一个节点也可以有一个或多个子节点，这是树型结构最重要的特性。使用树型结构来组织文件，查找文件将会变得非常容易。

以本教材的数据集为例（图 2-1），使用 Windows 资源管理器可以方便地找到本教材配套的第一个数据集，并查看文件夹中的内容。文件夹“dataset1”在 Windows 系统中的位置为：“E:\myGDB\GIS_textbook\dataset1”。从图中可以看出，Windows 文件系统的根节点是“此电脑”，下一级节点是 C、D、E 三个磁盘。文件夹“myGDB”是节点 E 的子节点，文件夹“dataset1”是文件夹“GIS-textbook”的子节点。因此，树型结构可以帮助用户更容易地浏览和操作文件夹和文件。

E:\myGDB\GIS_textbook\dataset1

此电脑
OS (C:)
程序 (D:)
工作 (E:)
360RecycleBin
BaiduNetdiskDownload
calibre书库
geoDB
GISclass2021
grassdata
myGDB
china_county_GS_2022_1873
china_osm20230123.shp
gadm36_CHN_shp
GIS_textbook
dataset1

名称	修改日期	类型	大小
Smart-Map	2023/1/22 9:17	文件夹	
meuse.csv	2023/1/12 12:04	Microsoft Excel ...	10 KB
meuse.qgz	2023/1/14 15:51	QGIS Project	17 KB
meuse.xlsx	2023/3/17 18:44	Microsoft Excel ...	23 KB
meuse_area.csv	2023/1/12 19:41	Microsoft Excel ...	8 KB
meuse_area.xlsx	2023/1/12 19:40	Microsoft Excel ...	11 KB
meuse_area_line.dbf	2023/1/14 11:52	DBF 文件	1 KB
meuse_area_line.prj	2023/1/14 11:52	PRJ 文件	1 KB
meuse_area_line.shp	2023/1/14 11:52	AutoCAD Shape ...	7 KB
meuse_area_line.shx	2023/1/14 11:52	AutoCAD Compi...	1 KB
meuse_area_plg.dbf	2023/1/14 12:07	DBF 文件	1 KB
meuse_area_plg.prj	2023/1/14 12:07	PRJ 文件	1 KB
meuse_area_plg.shp	2023/1/14 12:07	AutoCAD Shape ...	7 KB
meuse_area_plg.shx	2023/1/14 12:07	AutoCAD Compi...	1 KB
meuse_area_point.cpg	2023/1/14 11:51	CPG 文件	1 KB

图 2-1 数据集 1 的文件结构

QGIS 的数据浏览器也采用与 Windows 资源管理器相似的树型结构（图 2-2）。在实战中，GIS 的数据往往十分庞大，要组织好 GIS 数据，应该仔细考虑如何建立一个逻辑性较强、含义明确的文件夹系统。虽然没有绝对正确的方法来组织 GIS 数据的树型结构，但是文件夹名称和继承关系能够使人容易地找到需要的东西。尤其是对于团队中多个用户同时使用的数据，在组织文件时应当使别人易于理解，从而提高整个团队的工作效率。

在 GIS 工作中，一定要将静态数据文件夹（包含永久数据）和活动文件夹（包含正在下载的数据、编辑的数据和中间结果）分离，这样可以降低意外删除重要数据集的风险。在项目完成后，及时将数据移动到静态文件夹，删除活动文件夹。GRASS（Geographic Resources Analysis Support System）软件的数据管理方式值得借鉴。在启动新项目时 GRASS 软件会将公共数据存放在永久文件夹中，团队人员拥有各自的工作目录并可读取永久文件夹中的内容，分析结果保存在团队人员的个人目录中。团队成员的个人账户不能对永久文件夹中的内容进行写操作，这就保证了公共数据的安全性。

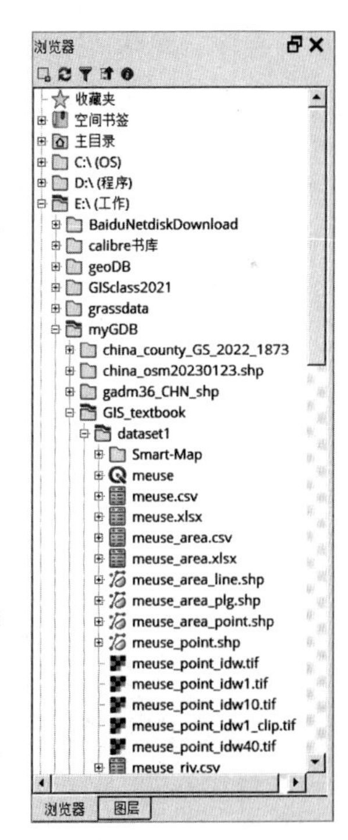

图 2-2 QGIS 数据浏览器面板的树型结构

二、文件命名规则

为了确保文件名在不同操作系统和应用软件间的兼容性，文件（文件夹）的命名一定要简短，只包含字母、数字和下划线，不能使用空格和特殊字符。为了确保可读性，名称要有明确的含义，通常使用多个名词表示。

在计算机编程领域有一种命名约定，称为驼峰命名法（CamelCase），这种命名约定可以应用到 GIS 数据文件和文件夹命名中。程序员们为了使自己的代码能更容易地被同行理解，多采取可读性较好的命名方式，如将多个单词连结在一起给变量命名，驼峰命名法应运而生。驼峰命名法分为小驼峰法和大驼峰法，小驼峰法是指第一个单词是全部小写，后面的单词首字母大写，如“myFirstName”。大驼峰法把第一个单词的首字母也大写，如“MyFirstName”。这样的名字看上去就像骆驼峰一样，此起彼伏，故得名。变量一般用小驼峰法标识，类名、属性一般用大驼峰法标识。驼峰命名法可视为一种惯例，并无绝对与强制，目的是增强可读性。除了驼峰命名法，还可以在单词间使用下划线连接，如“my _ name”。Windows 系统允许文件名中存在空格和“.”，但是最好不要使用空格或者“.”连接文件名称中的多个单词。

在 Windows 系统中还需要主要文件的扩展名。文件扩展名（Filename Extension，或延伸文件名、后缀名）是 Windows 系统用来区分文件类型的一种机制。计算机中的大部分文件均包含一个扩展名，扩展名一般由 3 或 4 个字母组成，扩展名与文件名之间用“.”隔开。例如 word 文件具有“. doc”和“. docx”两种扩展名，GIS 中的栅格图片常使用“. tif”作为扩展名。在双击打开一个文件时，Windows 通过扩展名找到相应的应用程序。在默认的情况下 Windows 会隐藏扩展名，但是在多数情况下显示扩展名是非常必要的，这可以帮助用户识别文件类型。在图 2 - 1 中，可以看出以“meuse _ area _ line”命名的文件有 4 个，它们的扩展名有 4 种分别是：“. shp”“. shx”“. dbf”和“. prj”，对应的文件类型分别为：图形文件、索引文件、数据库文件和投影文件，这 4 个文件联合在一起组成描述“meuse _ area _ line”地理实体。这种表达“meuse _ area _ line”的文件是 shapefile 文件，属于矢量数据结构的一种类型。如果计算机隐藏了扩展名，可以修改文件夹选项，将“隐藏已知文件类型的扩展名”取消勾选，如图 2 - 3 所示。

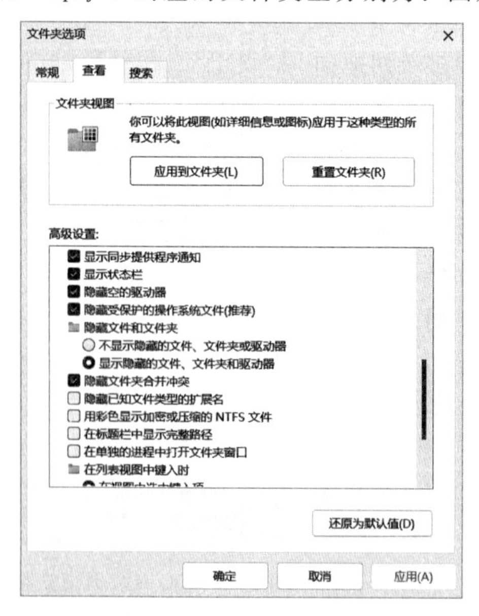

图 2 - 3 文件夹选项设置

三、应用软件的安装和卸载

Windows 操作系统使用 Windows Installer 完成应用程序的安装和配置服务。用户下载可执行的安装文件，双击该文件即可进入安装进程，通过输入简单的配置信息 Windows Installer 会引导用户完成安装过程。一个成功的安装过程分为两个阶段：获取和执行。如果安装失败，可能会发生回滚操作。

在获取阶段开始时，用户指示安装程序开始安装功能。然后，安装程序将执行安装数据库序列表中的操作。这些操作查询安装数据库并生成一个脚本，该脚本提供安装的分步过程。在执行阶段，安装程序使用提升的权限将信息传递给进程并运行脚本。当安装程序处理安装脚本时，它同时生成回滚脚本。如果安装失败，安装程序将还原计算机的原始状态。除了回滚脚本，安装程序还会保存安装过程中删除的每个文件的副本。这些文件保存在隐藏的系统目录中。安装完成后，将删除回滚脚本和保存的文件。Windows的这种应用程序安装机制大大简化了用户操作，使得应用程序的配置变得简单易行，真正实现了傻瓜式操作。

在 Windows 系统中应用程序的卸载也很简单，在 Windows 11 中常用以下 3 种方式删除应用和程序：从“开始”菜单卸载；在“设置”中卸载；从控制面板卸载。

第二节 关系型数据库

一、关系型数据库的概念

要回答什么是关系型数据库，应先回答什么是数据库。网络时代的用户一直在使用数据库。打开网页，在网站上进行搜索就是在使用数据库。登录购物网站的账户，查找需要的商品，下单、付款，也是在使用数据库。每天出入校园，通过“刷脸”验证身份，也要使用数据库。虽然一直使用数据库，但对数据库的概念可能并不十分清楚。

数据库（database）是保存有组织的数据的容器。Ben 将数据库形象地比喻成文件柜，这个文件柜是一个存放数据的物理位置，它不管数据是什么，也不管数据是如何组织的。数据库和数据库管理软件不同。数据库管理软件也称为数据库管理系统（DBMS），常见的 DBMS 有 Microsoft Access、MySQL、Oracle、PostgreSQL 和 SQLite 等。DBMS 用来创建和管理数据库，数据库的具体形式在不同的 DBMS 中是存在差异的。

关系型数据库是指采用了关系模型来组织数据的数据库，是当前应用最广的数据库。在关系型数据库中使用表管理数据。表是一种结构化的文件，用来存储某种特定类型的数据。表的特点在于，储存在表中的数据应该是相同的类型，不同类型的数据应该存放在不同的表中。比如顾客信息存在一个表中，订单信息应该保存在另一个表中，这样做是为了方便后期的数据检索工作。表使用表名标识自己，这个名称是唯一的。表还具备一些属性，这些属性定义了表中数据的存储方式，这些属性信息构成了模式。模式就是关于数据库和表的布局及特性的信息。

表由行和列组成。列也称为字段，储存一个变量的属性信息，列中数据的类型是一样的。数据类型定义了列可以存储哪些数据种类，常见的数据类型有数字、文本、日期、时间和货币等。比如，在 meuse 河流数据中，样点的坐标信息存储在 x、y 列中，每个重金属元素的浓度均占一列，它们的数据类型均为数字。在创建表格时，通常要制定各列的数据类型、字长和默认值，这对后续的数据输入和查询有益。表中的行也称为记录，一条记录由多个列组成，可以包含不同的数据类型。每条记录的每一个属性

（列）通常都有一个值。比如，在 meuse 河流数据中，每一行表示一个样点的全部属性信息，包含坐标位置和多个重金属元素的浓度，每一个属性值都储存在一个列中。

表中的每一条记录都可以用一列（或几列）中的数值标识自己，该列（列的组合）称为键（Key，关键字），键中的数值称为键值。其中能够唯一标识表中每一行的列称为主键，主键的键值具有唯一性。在 meuse 河流数据中，编号可以作为主键，因为每一行的编号都不相同。主键应该具备以下特点：任意两行的键值都不相同；每一行都必须拥有一个键值（主键不允许有空值）；一旦指定了主键，主键值不允许修改或更新。利用键可以在数据表间建立联系，这是关系型数据库的特点。

二、表的连接和关联

在关系型数据库中，不同类型的数据储存在不同的表中，要将不同类型的数据放在一起进行分析，就需要将多个表组合在一起。这种组合也称为表的连接（Joined），执行表的连接操作时，两张独立的表会成为一张表，新表包含原来两张中的全部信息。如果多个表拥有相同的主键，则使用主键可以将多个表连接在一起。比如，在学生成绩数据库中，A 表包含学生的个人信息，如学号、姓名、专业和班级等。B 表包含学生的考试成绩，且与 A 表共用“学号”作为主键。此时，可以使用“学号”作为公共字段将 A 表和 B 表连接在一起，得到 C 表，C 表包含学生的个人信息和成绩，可以用于期末学生的考评。选择用“学号”作为主键，而不是姓名，是因为学号具有唯一性，而姓名则可能出现重名的现象。

在上述例子中，可以看出 A 表的行与 B 表的行通过主键建立了“一对一”的关系，这是最简单的关系类型。除了“一对一”的关系，还有“多对一”“一对多”和“多对多”的对应关系。在“多对一”关系中，A 表中的多条记录会匹配 B 表中的一条记录，例如多个城市对应着一个省。在“一对多”关系中，A 表中的一条记录会匹配 B 表中的多条记录，例如一个省对应着多个城市。“多对多”的对应关系可能出现在课程选修过程中，比如，《水力学》《水泵与泵站》和《给排水管道工程》都会被多名同学选修，而每位同学又会选择多门课程。此时，在课程字段与学生字段间的对应关系就是“多对多”的关系。

在“一对一”的关系中，B 表的记录与 A 表的记录完美匹配，没有任何歧义。在“多对一”关系中，A 表中的每条记录在 B 表中也能找到唯一的行与之对应，但是 B 表中的某些行可能被使用多次。在“一对多”关系中，A 表中的一条记录在 B 表中会找到多个行与之对应，产生了歧义，无法执行连接操作，转而执行关联（Relate）操作。在关联操作中，两张表仍然通过一个公共字段联系在一起，但是记录并不连接，两张表仍然保持独立。不过，如果选定了一张表中的一条记录，也会选定另一张表中的相关记录。“多对多”的关系很难在关系型数据库中处理，可以使用多次关联操作完成。比如在学生选课的例子中，设置课程到学生的关联，可以找到选修《水力学》的所有学生；设置学生到课程的关联，可以找到每位学生的所用课程，从而制定学生的课程表。

三、SQL 语言

SQL（发音为 sequel）是结构化查询语言（Structured Query Language）的简称，

是一种专门为数据库管理而设计的计算机语言。与通用编程语言（如 C、JAVA）相比，SQL 有如下特点：SQL 不是某个特定数据库供应商的专有语言，几乎所有 DBMS 都支持 SQL，所以了解一定的 SQL 语言知识对地理数据库的管理很有帮助。SQL 简单易学，它的语句全部由描述性较强的英语单词组成，而且单词数量有限。SQL 虽然简单，但是支持嵌套，可以进行复杂的数据库操作。组成 SQL 语句的英语单词称为关键字，每个 SQL 语句由一个或多个关键字构成。关键字是 SQL 的保留字，不能用作数据库、表、列或其他数据库对象的名字，附录 3 列出了 SQLite 中的保留字。在实际应用中，很难记住那么多保留字，最好的习惯是不使用任何单独的英语单词作为用户自定义对象的名字。

检索数据是数据库操作中最常用的，下面以检索操作为例了解一个 SQL 语句的结构。SELECT 语句可以从表中检索一个或多个数据列。为了使用 SELECT 检索表中的数据，必须提供两条信息：想要选择什么，从哪里选择。

SELECT 语句的基本结构如下：

```
SELECTcolumnname，…
FROMtablename，…
[WHERE …]
[UNION …]
[GROUP BY …]
[HAVING …]
[ORDER BY …]；
```

多条 SQL 语句必须以分号（；）分隔，标点符号必须为英文。SQL 语句不区分大小写，为了与表名和列名区分，一般将 SQL 关键字大写。方括号（[]）中的语句为可选语句，能够执行更为复杂的操作。语句中的所有空格都会被忽略，将语句写成一行或多行也是一样的，只要在语句的末尾加上分号（；）即可。

语句：SELECT prod _ name FROM Products；表示利用 SELECT 语句从 Products 表中检索一个名为 prod _ name 的列。所要检索的列的名字写在 SELECT 关键字之后，FROM 关键字指出从哪个表中检索数据。

SQLite 是一个 C 语言库，实现了小型、快速、高可靠性、全功能的 SQL 数据库引擎。QGIS 3 使用的 GeoPackage 数据格式是建立在 SQLite 数据库的基础上，实际上是一个 SQLite 容器。在介绍矢量数据时会接触到 GeoPackage 和 SQLite。

第三节 QGIS 软件介绍

一、QGIS 的核心功能

QGIS 是一个免费且开源的桌面 GIS 软件，利用它可以完成空间数据管理和分析任务，也可以制作并分享精美的地图。QGIS 无缝整合了开源 GIS 的多个应用，比如 GRASS 和 SAGA，还提供 900 多个功能拓展插件，利用 QGIS 可以轻松地完成水文学领域中的地形分析、水文运动模拟和网络分析等工作。

QGIS 跨平台的特性，可使其在 Linux、Unix、MacOS X 和 Windows 系统上使用，支持多种向量和栅格数据、网络资料与数据库操作。其主要功能如下：

1. 支持的数据格式

（1）向量数据：ESRI Shapefiles、MapInfo 文件、SDTS 和 GML。

（2）栅格数据：支持 GDAL 函数库，可以编辑如 GeoTiff、Erdas Img、ArcInfo Ascii Grid、JPEG、PNG 的图片。

（3）数据库：例如 PostGIS、Oracle、SpatiaLite、GeoPackage 或 MSSQL Spatial。

（4）支持 GRASS 的向量和栅格数据。

（5）支持线上资料：如 WMS/WFS 连接。

2. 浏览数据与地图设计

（1）投影坐标的动态转换。

（2）识别和选取图形元素。

（3）编辑和检查属性信息。

（4）图形文字标签。

（5）地图布局设计。

（6）收藏空间书签。

3. 创建、编辑、管理与输出地理数据

（1）扫描地图的数字化工具。

（2）创建和编辑 Shapefiles 和 GRASS 向量图层。

（3）图像数据的地理校准。

（4）下载 GPS 数据。

（5）属性数据管理。

4. 数据分析功能

（1）核心模块提供的空间数据分析功能。

（2）使用插件进行空间数据分析。

（3）使用 GRASS、SAGA 和 R 的空间数据分析功能。

二、QGIS 的版本选择

QGIS 项目开始于 2002 年，从 2007 年开始加入地理空间开源基金会，成为 OSGeo 的一个正式专案，它可运行在诸如 Windows、Linux、Unix、MacOS 和 Android 等操作系统中。当前稳定版本是 QGIS 3.28.2 “Firenze”，发布于 2022 年 12 月 16 日，同时还提供长期支持版本（long - term release，LTR）QGIS 3.22.14 'Białowieża'。QGIS 每 4 个月发行一个新版本，从 2.8 版本开始每 3 个版本有一个 LTR，LTR 维护到下一个 LTR 版本出现，周期是 1 年。版本号偶数是发行版，如 2.8 和 3.22，奇数是开发版，如 2.99 和 3.1。QGIS 3.22 之后的稳定版本包括 3.24，3.26 和 3.28，3.28 将接替 3.22 成为下一个 LTR. 本教程使用 QGIS 3.28.2 版本。

三、QGIS 的安装与配置

（一）安装

QGIS 有两种安装方式，即独立安装包和 OSGeo4W 在线安装。OSGeo4W 网络安装程序可以自动下载安装 QGIS、GDAL、GRASS、SAGA 和 Python 以及它们的依赖，并配置程序，减少安装和配置过程中的错误。OSGeo4W 网络安装程序还可以独立升级或删除相关程序，便于后期的软件管理，推荐初次使用 QGIS 的用户使用该方式。

下面以 Windows 11 操作系统为例演示安装过程。

在下载页面（图 2-4）点击“OSGeo4W 网络安装程序”，下载完成后双击运行该程序，进入安装进程。

图 2-4　QGIS 下载弹窗

QGIS 默认安装目录是 C：\OSGeo4W，占用磁盘空间约 2.4G，如果 C 盘空间充足，不需要修改安装路径。下载的安装包默认暂存于临时文件夹，安装完成后会自动删除。在选择安装方式界面（图 2-5），选择 Express Install（快速安装），点击“下一页”。

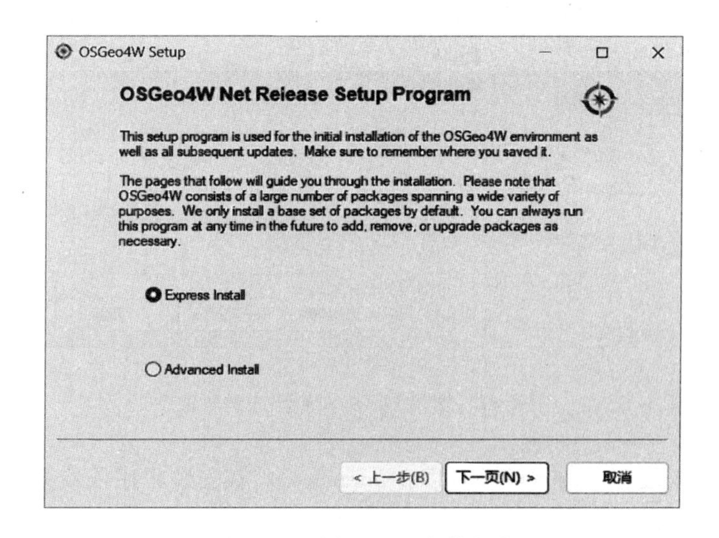

图 2-5　选择 QGIS 安装方式

在选择下载站点（Choose A Download Site）界面（图 2-6），保持第一个网址高亮，点击“下一页”。

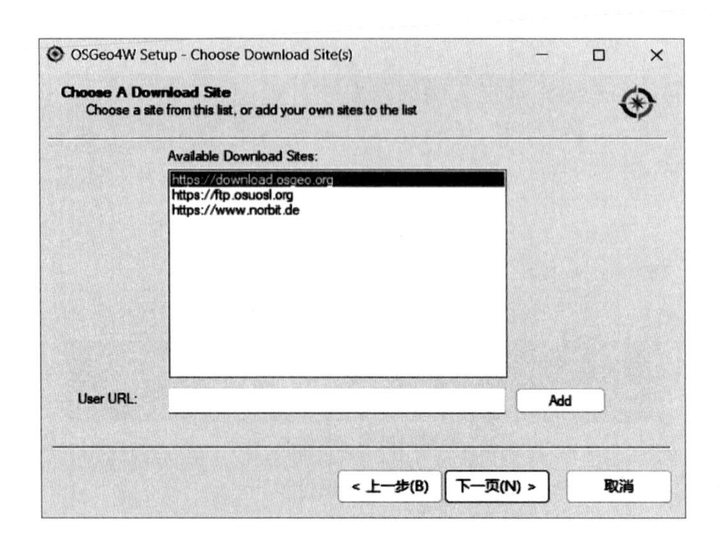

图 2-6　选择 OSGeo4W 软件库下载站点

在选择安装包（Select Packages）界面（图 2-7），勾选 QGIS、GDAL、GRASS GIS，点击“下一页”。

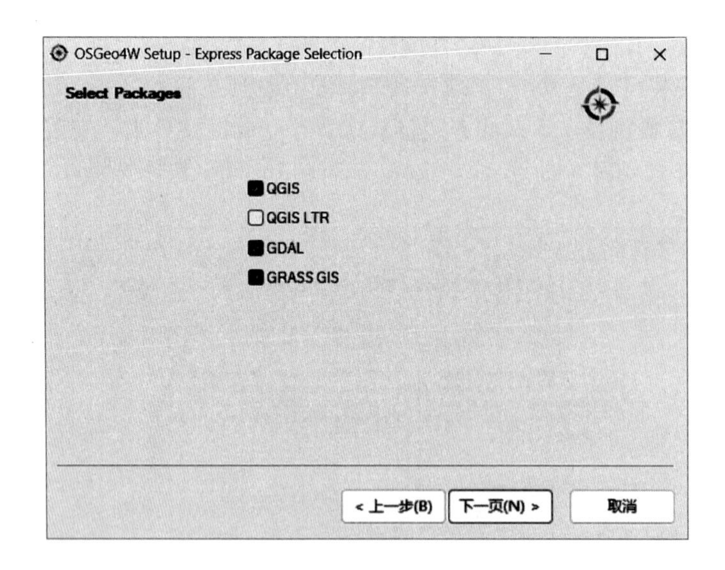

图 2-7　选择 OSGeo4W 软件安装包

将自动选择安装程序的依赖项（Dependencies），在安装程序依赖项界面（图 2-8）勾选安装这些依赖项，点击“下一页”。

在后续弹窗界面中，勾选同意许可信息，点击“下一页”进入安装进程界面（图 2-9）。

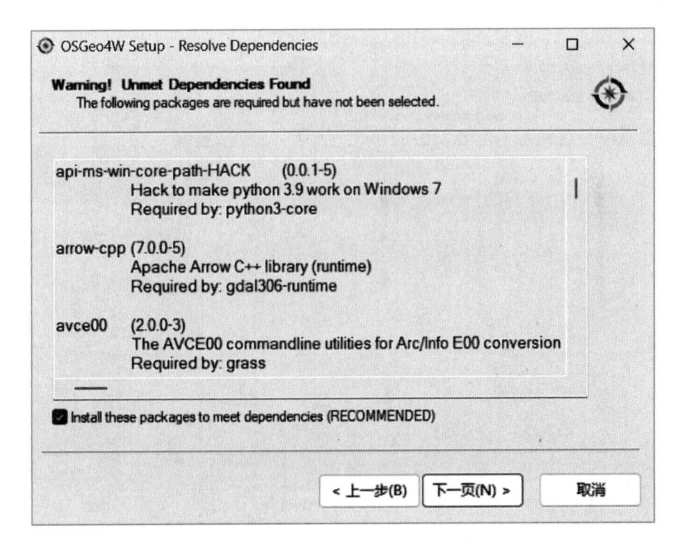

图 2-8 安装 QGIS 程序依赖项

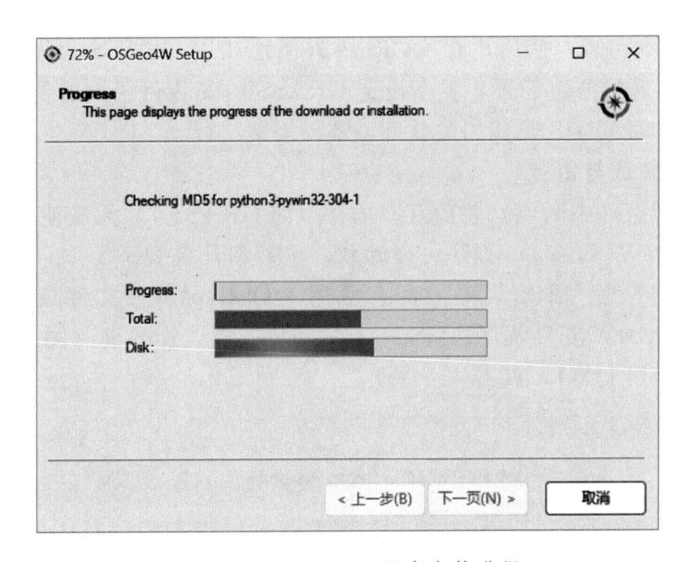

图 2-9 OSGeo4W 程序安装进程

安装进程结束后，会出现安装状态界面（图 2-10）。若提示安装成功（OSGeo4W installation completed successfully），则点击“完成”退出安装程序。

QGIS 的独立安装包也包含 SAGA 和 GRASS，同时会完成相应的配置，但是有时会出现 GRASS 7 插件无法安装的情况，或虽然已经安装成功，但是无法启用。GRASS 插件提示无法找到安装目录，不过 GRASS provide 可以使用。GRASS 7 插件错误信息如下："GRASS init error：GRASS was not found in ′/usr/lib64/grass-7.0.3′（GISBASE），provider and plugin will not work."。这条错误提示信息的意思是：GRASS 初始化错误：在′/usr/lib64/grass-7.0.3′（GISBASE）文件夹中没有找到 GRASS，GRASS provider 和 GRASS 插件无法工作。GRASS provider 和 GRASS 插件提供了

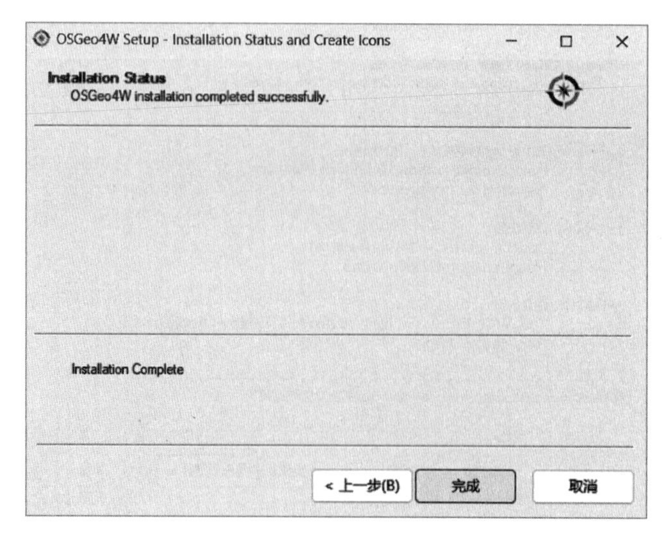

图 2-10　OSGeo4W 程序安装状态

GRASS 软件的基本功能，使用户在 QGIS 中方便地调用 GRASS 程序，而不用另外打开 GRASS 程序。通过修改设置，重新设定 GRASS 的安装目录，可能仍然无法解决上述问题。此时要卸载 QGIS 及其相关软件，重新安装。

（二）程序的卸载与重装

如果安装进程意外中断或安装后有些插件（如 GRASS 7）无法使用，需卸载程序，重新安装。OSGeo4W 的 setup 程序可以卸载、重装和升级 QGIS，下面是操作过程。

在 Windows 11 的“开始菜单 | 所有应用 | OSGeo4W”文件夹中，找到并单击 Setup，运行 OSGeo4W 安装程序。OSGeo4W 安装方式选择界面（图 2-11）选择 Advanced Install（高级安装），点击“下一页”。

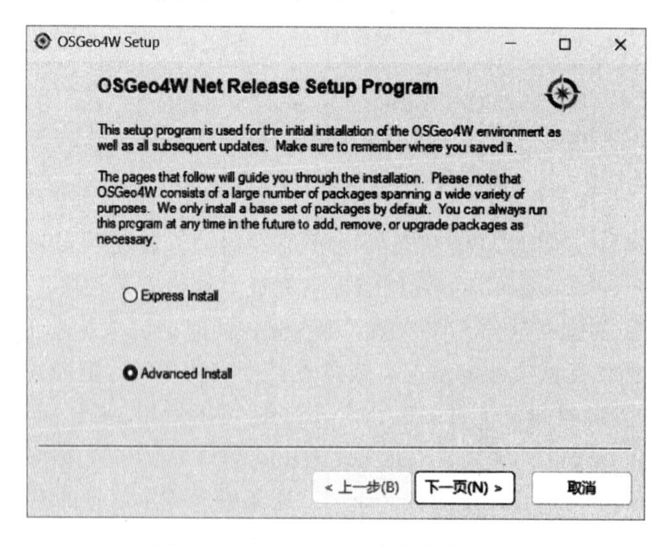

图 2-11　OSGeo4W 高级安装方式

在后续界面中，选择“从互联网安装（Install from Internet)”，单击“下一页”。设置安装根目录（Root Directory)，如果安装目录正确，则不用修改任何选项，点击“下一页”(图 2－12)。

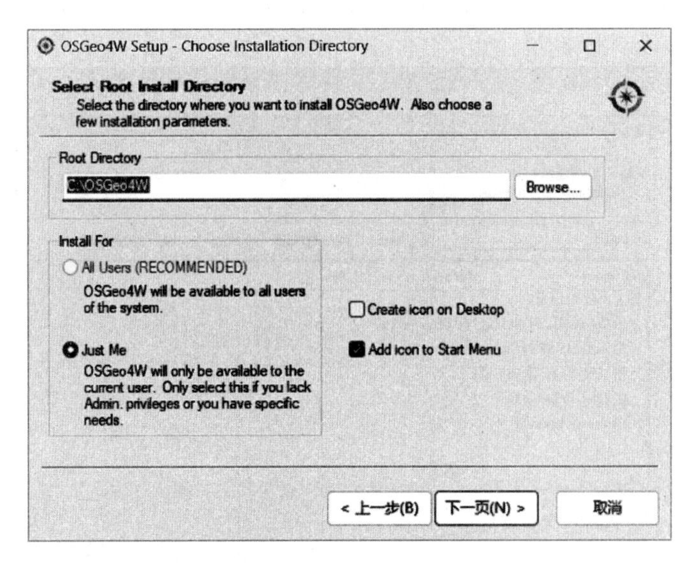

图 2－12　设置 OSGeo4W 安装根目录

在后续界面中，设置保存本地安装包的路径（Local Package Directory)。这是程序安装包的暂存位置，不是程序安装目录。可以保存默认值，单击“下一页”。

在选择互联网连接方式界面中（图 2－13)，选中“Direct Connection（直接连接)”，这样下载速度较快。点击“下一页”，在后续界面中，下载站点选择第一项即可。

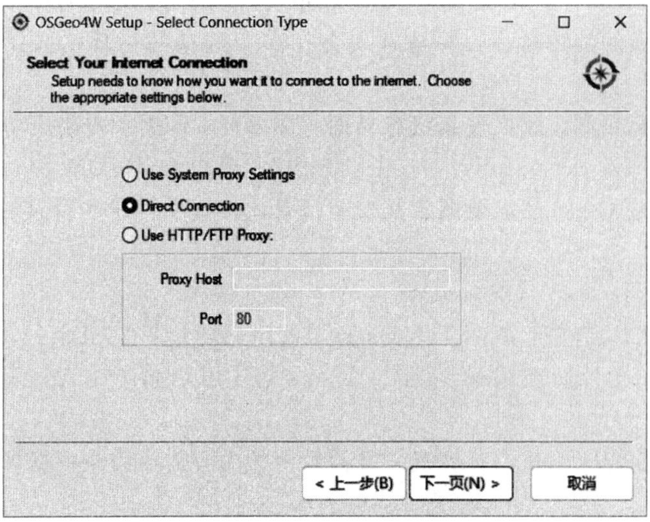

图 2－13　选择互联网连接方式

在选择安装包（Select Packages）界面（图 2-14）的在 Category（类别）栏目中，点击 ALL（全部类别）后面旋转箭头，安装选项会在 Default（默认）、Install（安装）、Reinstall（重新安装）和 Uninstall（卸载）之间循环。如果要卸载程序选择 Uninstall（卸载），点击“下一页”，将卸载已安装的全部程序，包括 QGIS、GRASS、SAGA、Python 和 GDAL 及其依赖。

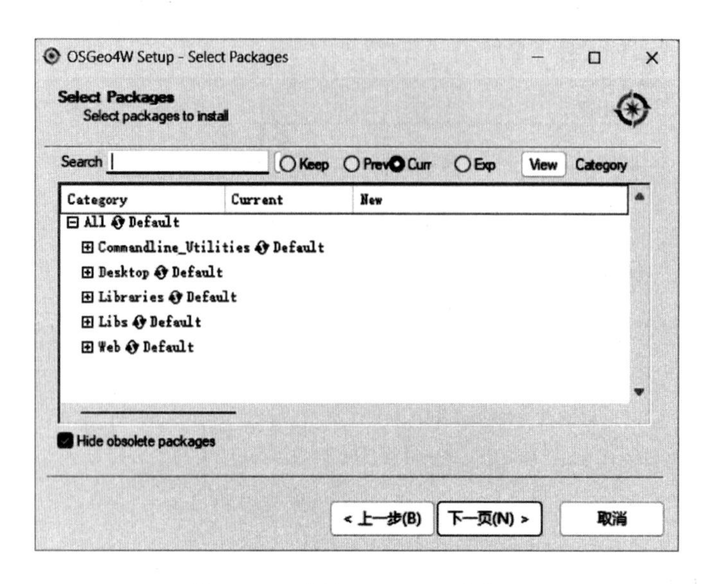

图 2-14　选择 OSGeo4W 安装包

如果要卸载或重装（升级）个别程序，比如卸载 GRASS GIS 7.8，则在选择安装包（Select Packages）窗口中，在 Category（类别）栏目下，点击条目前面的“+”号，依次展开“ALL（全部类别）| Desktop”。点击 GRASS GIS 行对应的“新建(New)”栏目下面的旋转箭头，新建选项会在多个选项间循环，选择“Uninstall（卸载)”，点击“下一页”。

如果程序执行顺利，则在安装状态界面（图 2-15）提示安装成功（OSGeo4W installation completed successfully)，点击“完成”，退出 OSGeo4W Setup 程序。

若要完全卸载 QGIS 还需要删除其安装目录、配置文件所在目录和 GRASS 配置文件所在目录。

默认安装目录：C：\ OSGeo4W

QGIS 配置文件所在目录：C：\ Users \ [用户名] \ AppData \ Roaming \ QGIS

GRASS 配置文件所在目录：C：\ Users \ [用户名] \ AppData \ Roaming \ GRASS7

删除上述 3 个目录，重启计算机。方括号中的内容需要用户根据自己的计算机名称修改。

（三）基本配置

初次打开 QGIS 软件，需要将用户界面更改为中文。依次点击菜单栏“Settings |

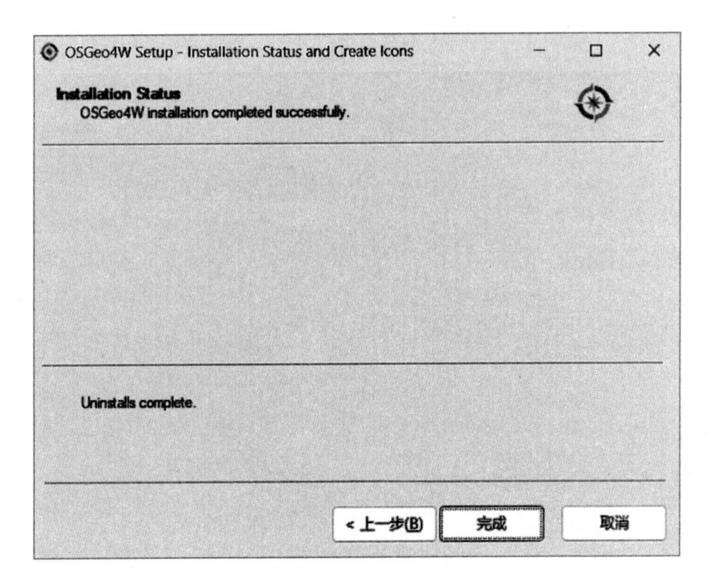

图 2-15 OSGeo4W 安装状态界面

Options...”（图 2-16），打开程序选项窗口。

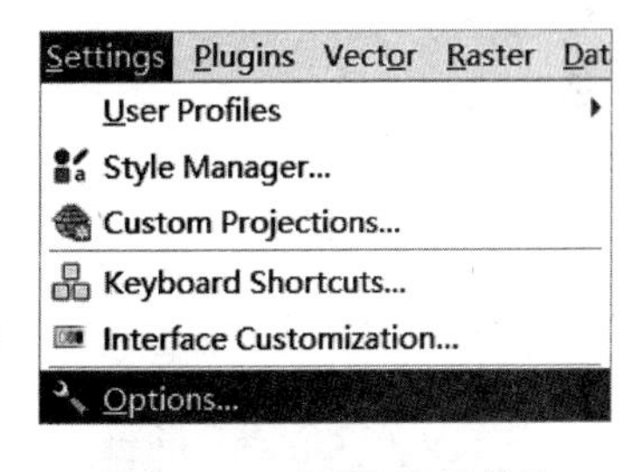

图 2-16 QGIS 配置菜单

在 QGIS 程序通用选项配置窗口中（图 2-17），勾选第一项 Override System Locale（本地化语言环境），利用下拉菜单选择 User interface translation（用户界面语言）为简体中文，Locale（本地化）为 Chinese China（zh_CN），重启 QGIS。

在某些系统中会提示“open sans”字体安装失败，这是由 QGIS 缺失“open sans”字体引起的。默认情况下，QGIS 会自动下载缺失的开源字体，但是有时会出现无法访问字体网站的情况，这时会有错误提示。缺失字体并不影响 QGIS 软件的使用，欲关闭该条提示可以执行下列操作。

（1）禁用自动下载字体功能。依次点击“设置｜选项｜字体”打开字体设置选项，如图 2-18 所示。将用户字体中“自动下载缺失的免费许可字体”前面的勾选取消。

（2）自己下载安装 open sans 免费字体，安装后 QGIS 就可以使用该字体了，不会再出现“字体安装失败”的提示。

QGIS 支持 OpenCL 加速功能，有些内置的 C++核心算法和图形渲染功能可以使用支持 OpenCL 的 GPU 进行加速。OpenCL 全称为 Open Computing Language（开放计算语言），是异构平台并行编程的开放标准，也是一个编程框架。OpenCL 的设计尽可能地支持多核 CPU、GPU 或其他加速器，不但支持数据并行，还支持任务并行。NIVIDA、Intel 和 AMD 等显卡均支持 OpenCL，可以在“设置｜选项｜加速”中启用 OpenCL 加速功能。如图 2-19 所示。

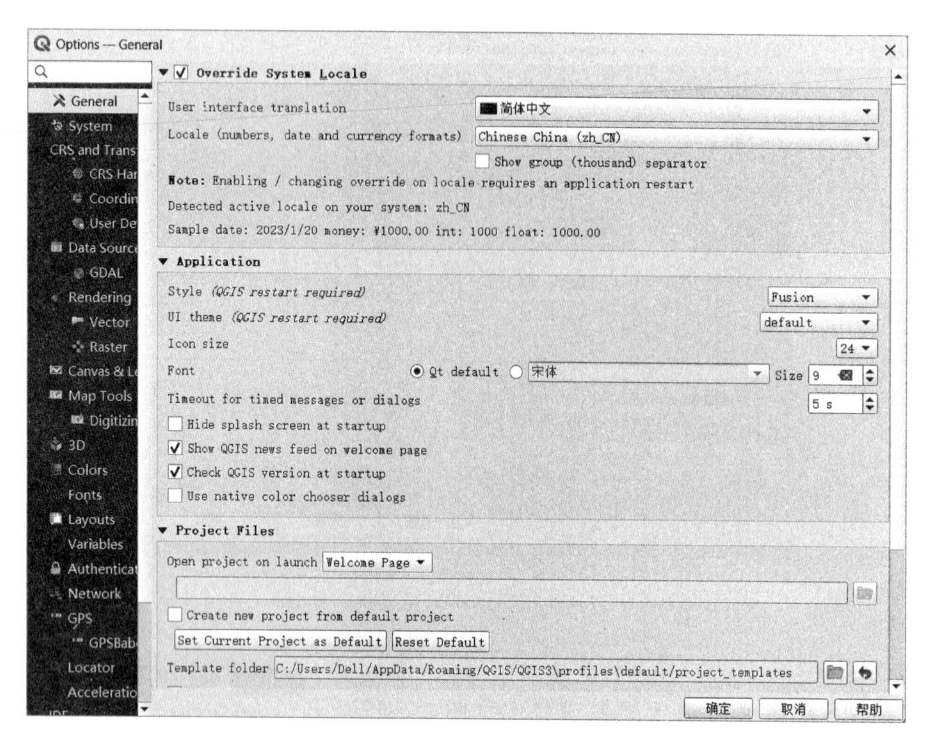

图 2-17 QGIS 程序通用选项配置窗口

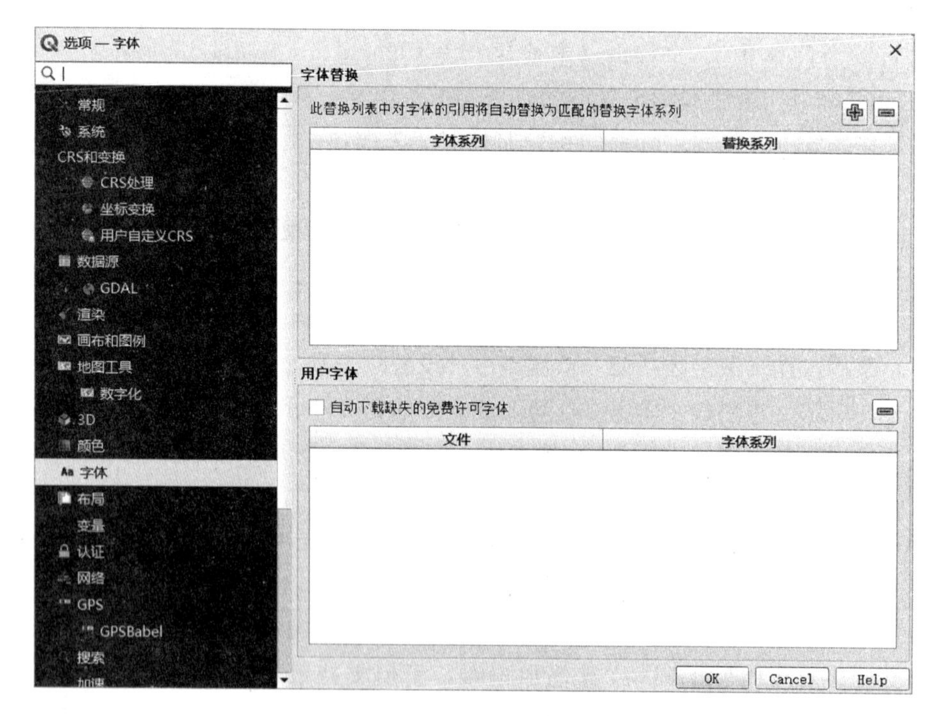

图 2-18 QGIS 程序字体选项配置窗口

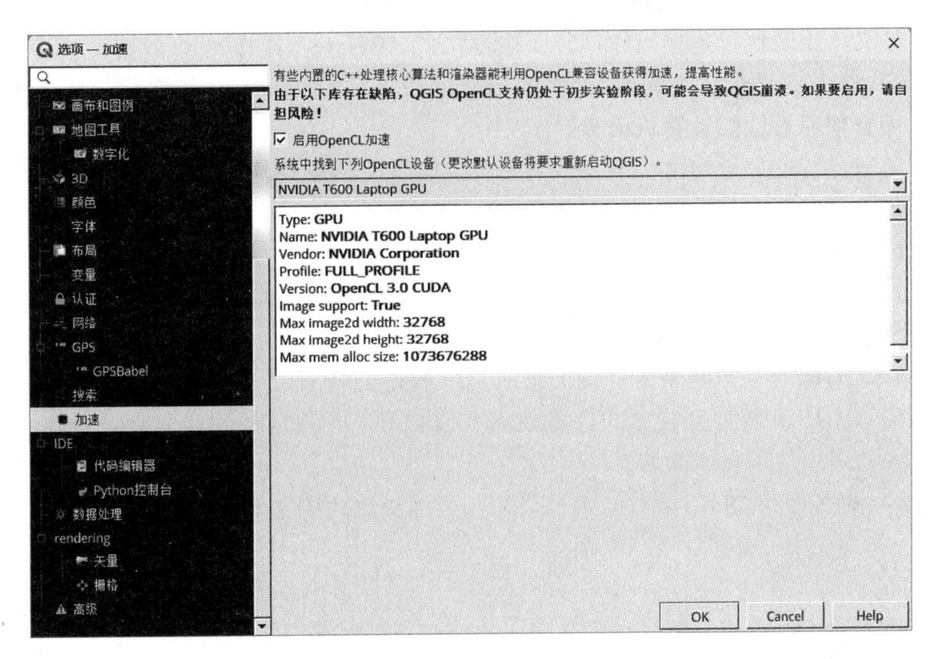

图 2-19　QGIS 程序 OpenCL 加速选项配置窗口

本 章 知 识 点

（1）计算机的典型特征之一是“层次性”，层次性结构是通过封装实现的。

（2）在 Windows 系统中，文件的组织形式采用的是树型结构。

（3）QGIS 的数据浏览器也采用与 Windows 资源管理器相似的树型结构。

（4）要组织好 GIS 数据，应该仔细考虑如何建立一个逻辑性较强、含义明确的文件夹系统。

（5）文件夹名称和继承关系能够使人容易地找到需要的东西。

（6）文件（文件夹）的命名一定要简短，只包含字母、数字和下划线，不能使用空格和特殊字符。

（7）驼峰命名法（CamelCase）可以应用到 GIS 数据文件和文件夹命名中。

（8）文件扩展名（Filename Extension，或延伸文件名、后缀名）是 Windows 系统用来区分文件类型的一种机制，扩展名与文件名之间用“.”隔开。

（9）Windows 操作系统使用 Windows Installer 完成应用程序的安装和配置服务。

（10）数据库（database）是保存有组织的数据的容器。

（11）关系型数据库是指采用了关系模型来组织数据的数据库，是当前应用最广的数据库。

（12）在关系型数据库中，不同类型的数据储存在不同的表中，要将不同类型的数据放在一起进行分析，就需要将多个表组合在一起，这种组合也称为表的连接（Joined）。

（13）在“一对多”关系中，A 表中的一条记录在 B 表中会找到多个行与之对应，产生了歧义，无法执行连接操作，转而执行关联（Relate）操作。

（14）SQL 是结构化查询语言（Structured Query Language）的缩写，是一种专门为数据库管理而设计的计算机语言。

（15）每个 SQL 语句由一个或多个关键字构成，多条 SQL 语句必须以分号（;）分隔，标点符号必须为英文。

（16）SQL 语句不区分大小写，为了与表名和列名区分，一般将 SQL 关键字大写。

（17）SQLite 是一个 C 语言库，实现了小型、快速、高可靠性、全功能的 SQL 数据库引擎。

（18）QGIS 是一个免费且开源的桌面 GIS 软件。

（19）QGIS 有两种安装方式，即独立安装包和 OSGeo4W 在线安装，建议初次使用 QGIS 的用户使用在线安装。

（20）初次打开 QGIS 软件，需要将用户界面更改为中文。

项 目 实 践

下载安装 QGIS 的最新版本，并完成软件的基本配置工作。

第三章

创建地图

第一节 熟悉 QGIS 的工作环境

一、QGIS 的用户界面

初次打开 QGIS 软件，其界面如图 3-1 所示。界面的最顶端是菜单栏，点击菜单即可打开相应的功能按钮。菜单栏下方两行是工具栏，其提供了菜单栏中经常用到的功能的快速访问方式。工具栏下方是大面积的工作区，工作区最底层是搜索栏和状态栏，状态栏显示坐标、比例尺和投影坐标系统的重要信息。工作区的左侧是图层/浏览器面板，中部和右侧是地图画布和新闻与工程模板。

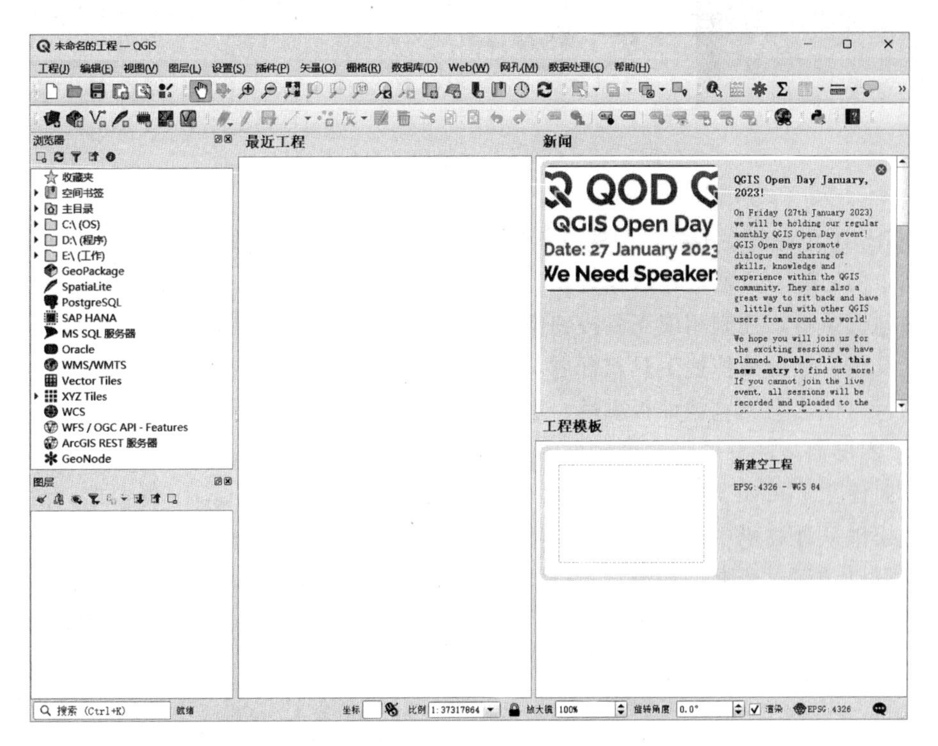

图 3-1 QGIS 初始界面

QGIS 允许对初始化界面进行自定义设置。依次点击“设置 | 选项 | 常规”，打开常规设置选项如图 3-2 所示，在工程文件中，将“启动时打开工程为”设置为“新建”，再次启动 QGIS 时工作区的右侧将不再显示新闻与工程模板，而只显示空白的地图画布。

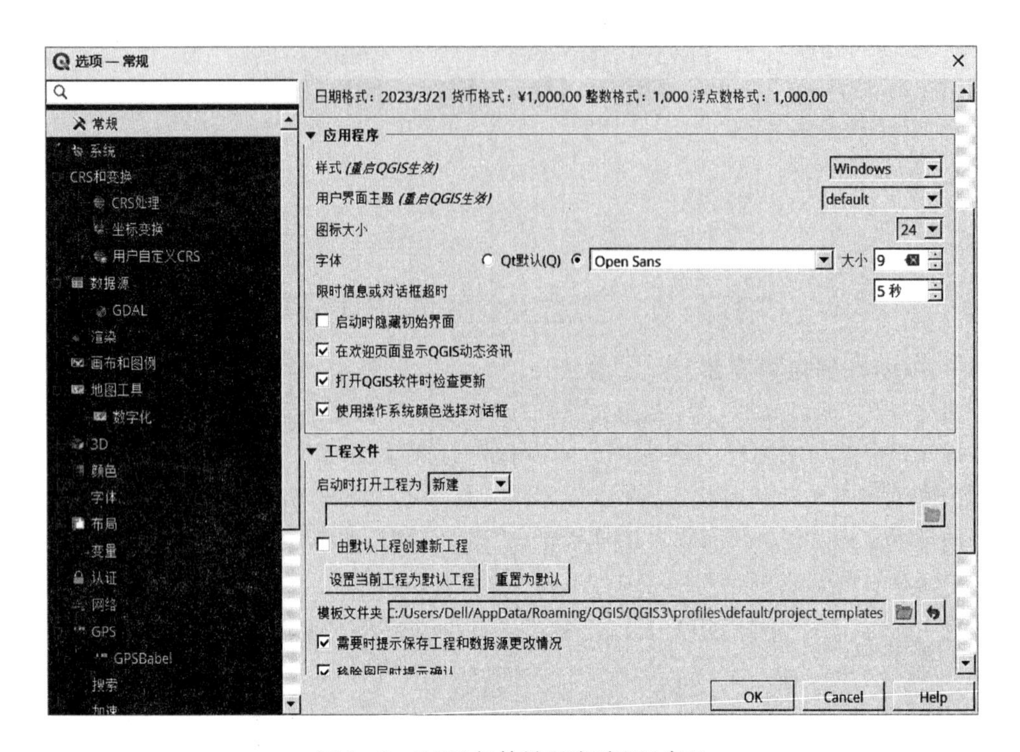

图 3-2 QGIS 初始界面选项配置窗口

QGIS 还允许调整工具栏中的工具选项和位置，也可以将数据分析的工具箱常驻在地图画布的右侧，方便进行数据分析。右击工具栏即可打开工具栏显示条目，通过勾选和取消勾选条目，控制相应工具按钮的显示与隐藏。点击数据处理菜单，即可打开数据处理工具箱，用鼠标拖拽工具箱标题，即可控制工具箱的停泊位置。通过拖拽图层面板的标题行，使之与浏览器面板重叠，可以将浏览器和图层面板合并到一起。此时，通过浏览器/图层面板的标签切换浏览器和图层视图。

下面使用 meuse 河流的数据，介绍 QGIS 的功能区。使用 QGIS 浏览器（图 3-3）可以轻松地从计算机中加载数据，浏览器还支持从数据库和线上资源加载数据。从浏览器中还可以访问收藏夹。在浏览器中找到 meuse 河流数据所在的位置，右击该文件夹，然后单击添加到收藏夹（图 3-4）。之后，将在收藏夹看到 meuse 河流数据的文件夹。meuse 河流数据在本计算机中可保存在 E：\ myGDB \ GIS _ textbook \ dataset1 文件夹中，将 GIS _ textbook 添加到收藏夹，以利于后期的快速访问。添加到收藏夹中的文件夹可能有一个很长的名称，此时右键单击路径，然后选择“重命名收藏条目...”即可修改名称。

图 3-3 QGIS 数据浏览器

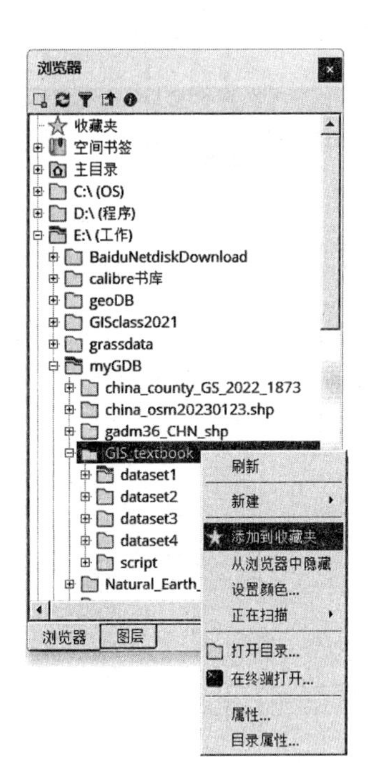

图 3-4 将工作目录添加到收藏夹

将 GIS _ textbook 文件夹添加到收藏夹后，打开收藏夹，在 GIS _ textbook 文件夹打开 dataset1 文件夹，找到 meuse. qgz 文件，双击该文件即可添加地图数据。meuse. qgz 是 QGIS 的工程文件，里面包含多个图层数据，在图层面板（图 3-5）中可以查看所有的图层并控制其是否在地图画布中显示。

在图层面板中，可以随时查看所有可用的图层。展开折叠项（通过单击它们旁边的加号），可以查看该图层的更多信息。将鼠标悬停在图层名称上时，将显示图层的一些基本信息，如图层名、几何图形类型、坐标参照系以及在设备中的完整路径。右击图层将展开有关图层的快捷操作菜单。如图 3-5 所示，勾选 meuse _ riv _ line、meuse _ area _ plg 和 meuse _ point _ idw1 _ clip 等 3 个图层，可以看到如图 3-6 所示的界面，这个界面是使用 QGIS 时常见的界面。

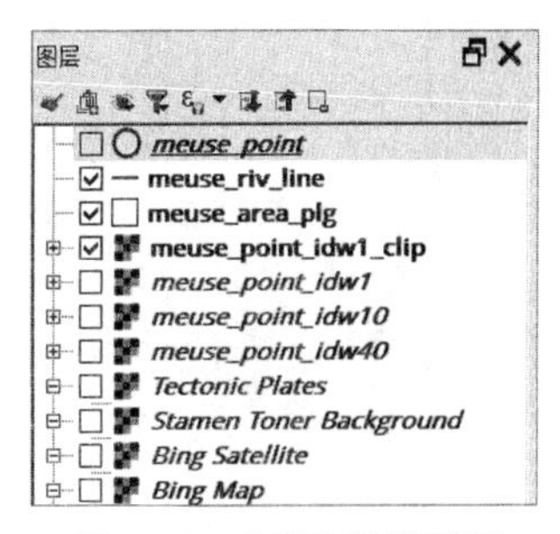

图 3-5 QGIS 图层面板

二、QGIS 的插件

使用插件可以扩展 QGIS 的功能，QGIS 的一些特殊功能是通过插件实现的，因此要熟悉插件的管理和常用插件的功能。QGIS 的插件分为核心插件（Core plugins）和外部插件（External plugins），核心插件由 QGIS 开发团队维护，随 QGIS 的发行版自动安装。外部插件有的存储在 QGIS 官方插件库中，有的存储在第三方插件库，它们由开发者独立维护。外部插件的功能介绍、使用文档常常要参考插件的主页。本节主要介绍插件的管理（安装、配置和卸载）、常用核心插件的功能，与本教材相关的插件功能

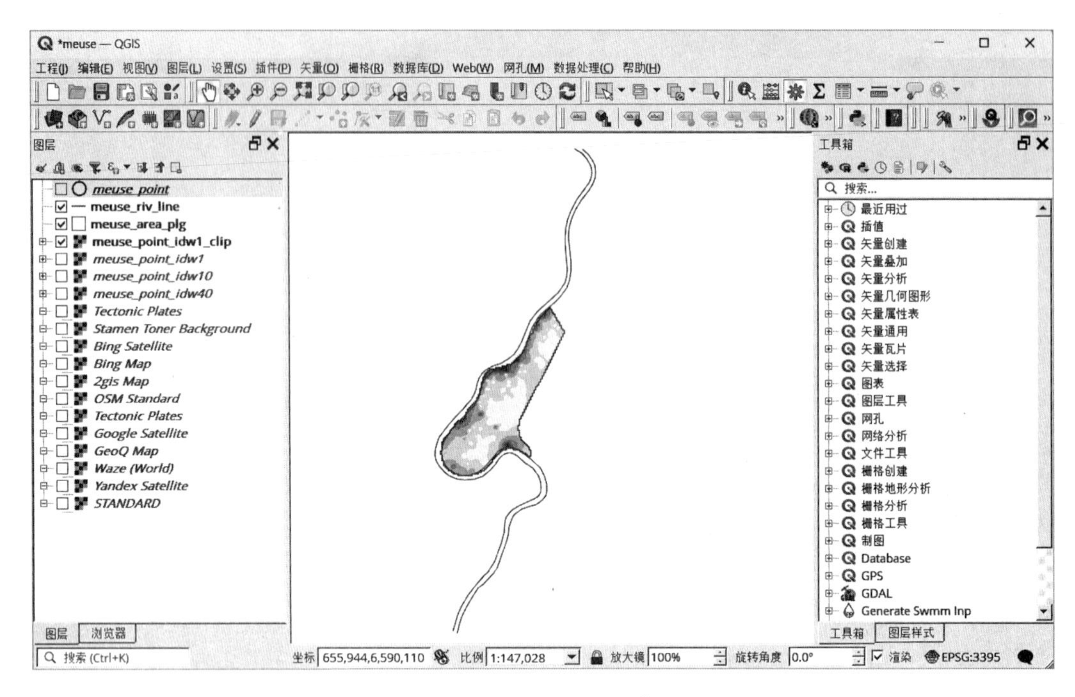

图 3-6 meuse 项目的工作界面

简介见附录 1。

（一）插件管理

要使用插件，首先需要下载、安装和激活它们。对于核心插件，QGIS 在安装的时候已经安装且不可卸载，但是有些没有激活，使用之前需要先激活。在菜单栏中单击“插件 | 管理并安装插件”打开插件管理器对话框（图 3-7）。在插件管理器中点击左

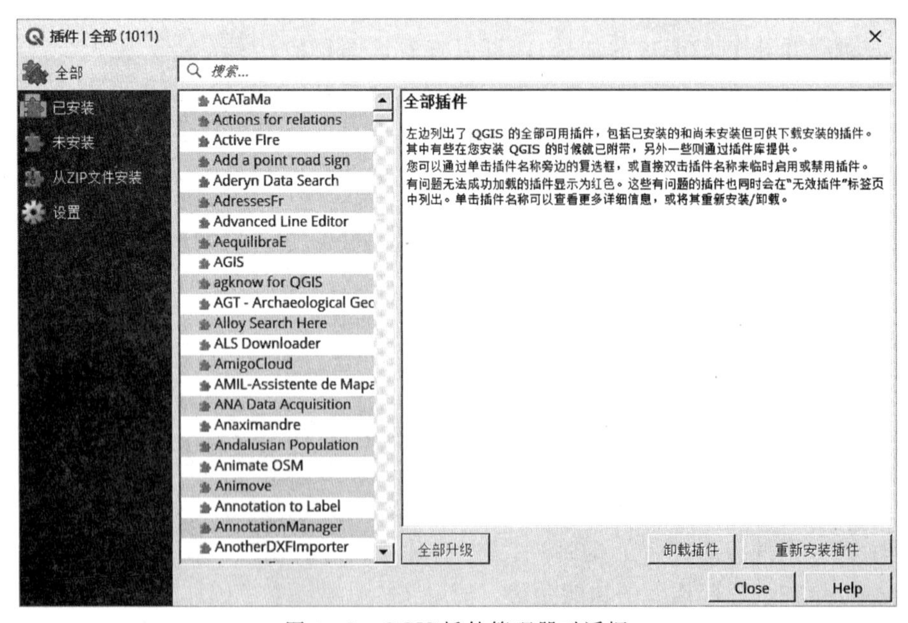

图 3-7 QGIS 插件管理器对话框

侧的“全部”标签，中间栏列出了 QGIS 的全部可用插件，包括已安装的和尚未安装但可供下载安装的插件。在搜索栏输入要安装的插件名称，按回车键即可返回搜索结果。单击选择要安装的插件，然后单击右下角的“安装”按钮即可完成安装。

已安装的插件可以通过点击插件管理器左侧的“已安装”标签进行筛选。通过单击插件名称旁边的复选框，或直接双击插件名称来临时启用或禁用插件。禁用插件并不会卸载插件，要卸载插件，需单击插件名称，点击右下角的“卸载插件”按钮进行卸载。

QGIS 默认设置从官方插件库查询和安装插件，可以编辑、增加和删除插件库。点击插件管理器左侧的“设置”标签即可设置插件库（图 3-8）。

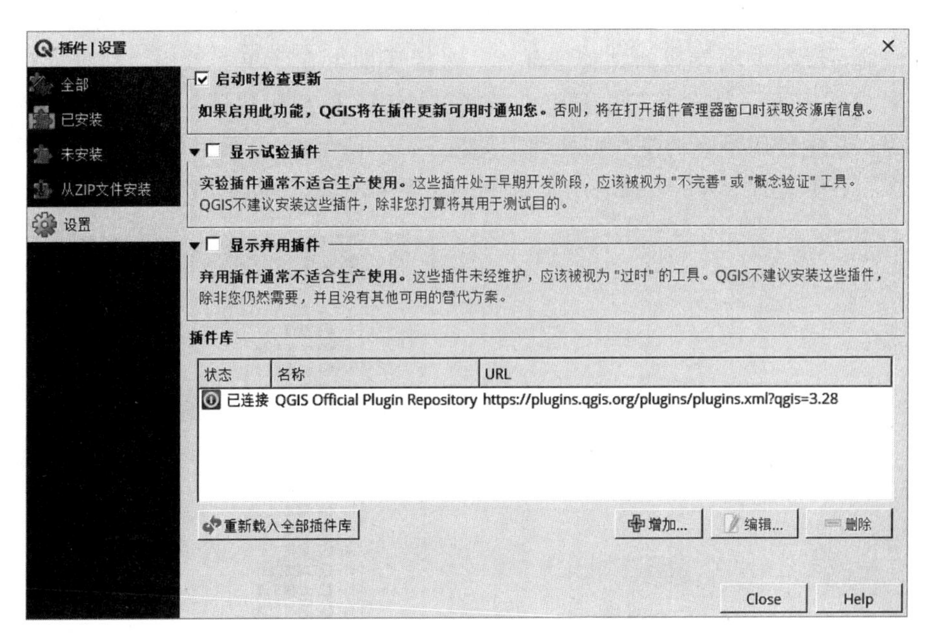

图 3-8 QGIS 插件管理器配置界面

（二）核心插件

QGIS 提供 10 个核心插件，在默认情况下，有些插件并未启用。核心插件见表 3-1。

表 3-1 QGIS 的核心插件

插件	功能描述
DB Manager	在 QGIS 中管理数据库
几何图形检查器	检查并修复矢量几何图形中的错误
GRASS 7	地理资源分析支持系统（第 7 版）功能扩展
GRASS GIS provider	提供地理资源分析支持系统（GRASS GIS）数据处理功能支持
MetaSearch Catalog Client	与元数据目录服务（metadata catalog services）进行交互
离线编辑	离线编辑并与数据库同步
OrfeoToolbox provider	提供 OrfeoToolbox 数据处理功能支持
Processing	空间数据处理架构

续表

插　件	功　能　描　述
SAGA GIS provider	提供 SAGA GIS 数据处理功能支持
拓扑检查器	在矢量图层中查找拓扑错误

三、数据处理框架

QGIS 的数据处理框架（processing framework）是一个地理处理环境，用于调用本地算法和第三方算法，这些算法可以帮助用户高效地完成空间分析工作。数据处理（Processing）是 QGIS 的核心插件，已被默认安装且不可卸载。要使用数据处理，需要先将其激活，激活方法参照插件管理部分。激活后即可在菜单栏看到“数据处理”菜单，如图 3-9 所示。该菜单的主要组件包括工具箱、模型构建器、历史和结果查看器四个部分，其中使用最多的是数据处理工具箱。

点击“数据处理”菜单的第一项，即可打开数据处理工具箱，如图 3-10 所示。

图 3-9　QGIS 数据处理器工具箱菜单

图 3-10　QGIS 数据处理器工具箱面板

在数据处理工具箱中双击想要运行的算法，会打开算法对话框。在下例子中，打开一个 R 语言的脚本，该脚本名为 Kriging，可用于调用 R 语言中的 Kriging 插值函数。要调用该脚本，需要完成相关的配置，这部分知识将在后续章节中介绍。此刻只需关注算法对话框的结构。Kriging 算法对话框如图 3-11 所示，该对话框整体上分为左右两个部分，左侧包含两个标签，分别是“参数”和“记录”，右侧为算法的描述。算法对话框右侧的算法描述，提供关于算法目的、使用方法的简短描述。有些算法不提供描述信息，此时就看不到右侧的算法描述栏。在对话框的底部还有一些按钮。“参数”标签用于输入运行该算法所需的值，它包含一个输入值和参数设置列表。输入值和参数列表的内容随算法的不同而改变，并且在打开算法对话框时自动生成。

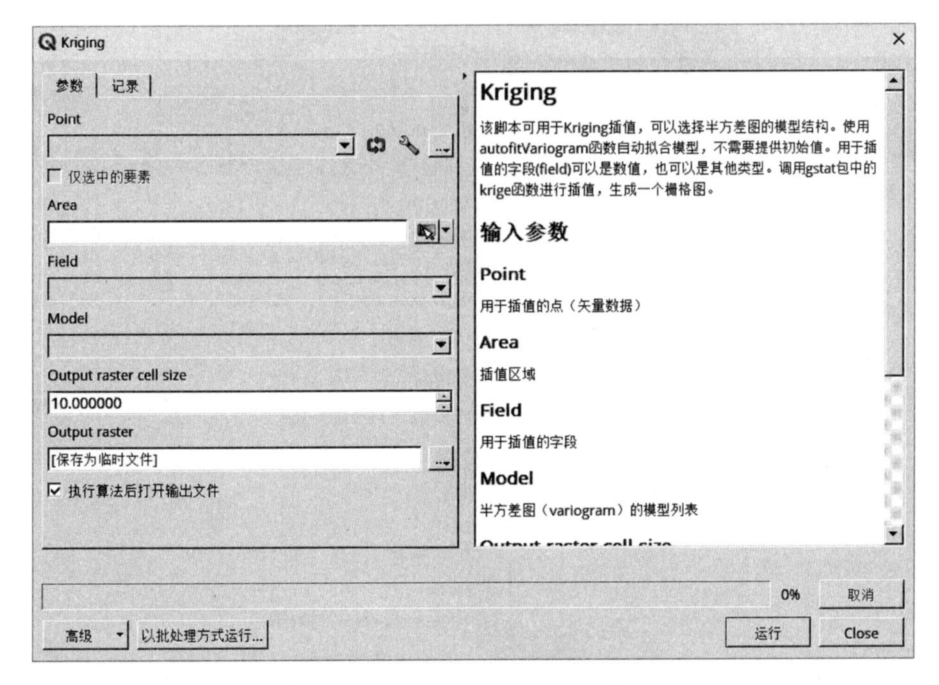

图 3-11 “Kriging”算法对话框

尽管算法参数的数量和类型随算法而异，但是它们的结构是一样的。参数的类型有以下几种：

（1）栅格图层。从已经打开的栅格图层中选择一个作为输入图层。点击右侧的文件选择器，打开文件选择窗口，此时可以加载未打开的栅格图层。

（2）矢量图层。从已经打开的矢量图层中选择一个作为输入图层。也可以像栅格图层一样选择未打开的矢量图层。

（3）表格。从一个可利用的表格列表中选择一个表格作为输入表格。

（4）选项。从选项列表中选择一个选项作为输入值。

（5）数值。输入数值作为算法的参数。允许使用表达式构造器输入一个数学表达式，以表达式的结果作为算法的参数。

（6）区间。从两个文本框中输入最大值和最小值作为参数的数值区间。

（7）文本字符。使用文本框输入文本作为算法的参数。

（8）字段。从矢量图层的属性表中选择字段或者从孤立的表格中选择字段。

（9）坐标系统。可从最近使用的坐标系统列表中选择一个，也可以打开 CRS 选择器对话框，从中选择新的坐标系统。

（10）地理范围。使用矩形的四个顶点定义一个矩形，也可以从已经加载的图层中计算地图范围。

（11）元素列表。可以选择一个或多个元素作为输入参数。

（12）小型表格。构造一个简单的表格作为输入参数。

与“参数”标签平行的是“记录”标签，如图3-12所示。算法的详细信息、运行过程、运行中产生的信息都在“记录”标签中显示。在“记录”标签的右下角有三个按钮，可以保存、复制和清除算法的运行记录。

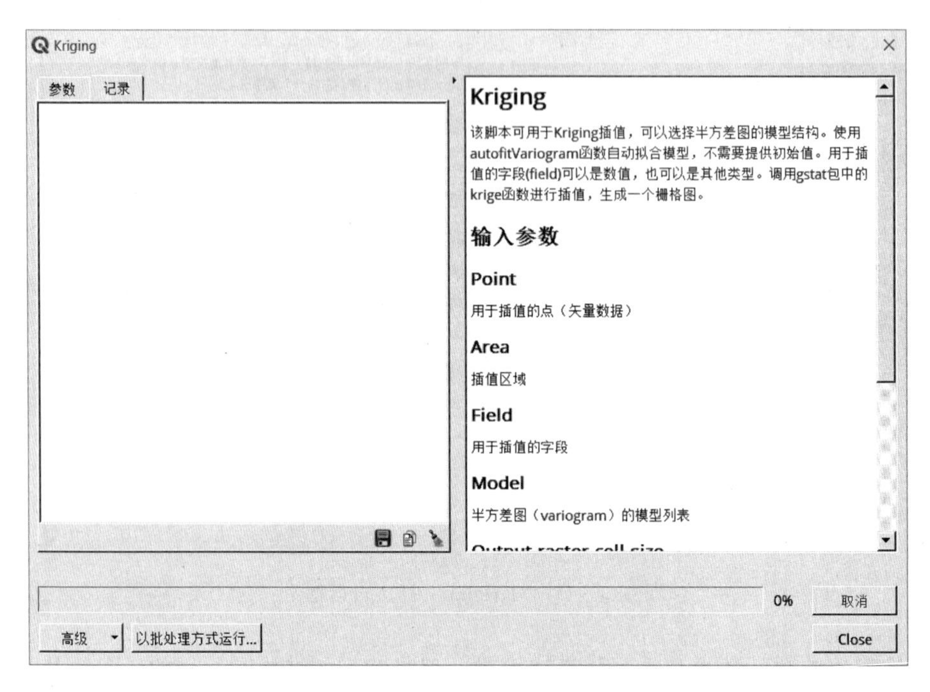

图3-12 算法对话框的运行记录界面

但是，并不是所有的算法都提供运行信息。这种情况下，可以打开“日志信息”面板查看算法运行的信息。“日志信息”面板如图3-13所示，打开步骤是：依次单击“视图｜面板”，勾选“日志信息”。

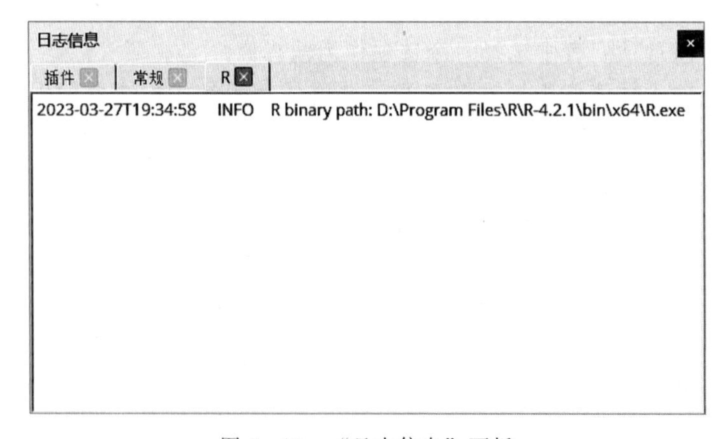

图3-13 “日志信息”面板

第二节 制 作 地 图

本节利用已有的meuse河数据制作基本的矢量地图，并利用网络数据为矢量地图添加背景地图。QGIS支持多种矢量数据，目前最多使用的矢量数据文件格式为ESRI Shapefiles，本章以此类数据为例，介绍矢量数据的地图制作过程。一个ESRI Shapefiles文件至少包含三个文件，它们分别是：". shp"，此文档为几何图形数据；". dbf"，此文档为dBase格式的属性数据；". shx"：此文档为索引文件。本节所使用的数据包括meuse河数据文件夹中的河流轮廓线、采样区域面和采样点，它们的名称分别为："meuse _ riv _ line. shp""meuse _ area _ plg. shp"和"meuse _ point. shp"。

一、制作矢量地图

第一步，打开QGIS软件。依据前面的软件设计，QGIS会新建一个空白地图。如果已经打开了一个QGIS项目，此时点击新建工程按钮新建一个空白地图。

第二步，向空白地图中添加矢量图层。在QGIS中加入矢量图层的步骤如下：

在数据浏览器中依次打开meuse河数据所在的文件夹。如果已经将meuse河数据文件夹添加到浏览器的收藏夹中，也可以在收藏夹中快速定位至meuse河数据文件夹。

欲添加3个文件，分别是meuse河流轮廓线、采样区域面和采样点，它们的名称分别为"meuse _ riv _ line. shp""meuse _ area _ plg. shp"和"meuse _ point. shp"。在浏览器中找到"meuse _ riv _ line. shp"文件，双击该文件即可将河流轮廓线添加到地图绘图区。

在浏览器中找到"meuse _ area _ plg. shp"文件，点击鼠标左键并保持按压状态，将该文件拖拽到地图绘图区，然后释放鼠标，即可将"meuse _ area _ plg. shp"文件添加到地图中。

在浏览器中找到"meuse _ point. shp"文件，右击该文件，在弹出菜单中选择"添加图层到工程"，即可将"meuse _ point. shp"文件添加到地图中。

此时，已经完成了矢量数据添加工作。在上面的操作中，使用了3种方法从浏览器向地图中添加矢量数据，这3种方法中"双击文件名称"最为简单。

第三步，查看图层、调整图层显示顺序。打开"图层"标签即可看到刚刚添加的数据图层，如图3－14所示。在图层标签中，通过鼠标拖拽图层名称可以修改图层的顺序。如果meuse _ area _ plg图层位于meuse _ point图层的上方，则会掩盖meuse _ point点，解决办法是将meuse _ point图层拖拽至meuse _ area _ plg图层之上，或者设置meuse _ area _ plg图层的透明度使meuse _ point点能够显示出来。通过勾选或取消勾选图层名称前面的选择框即可控制图层的显示与隐藏。

最后，依据约定和个人的喜好改变图层的显示样式。右击工具栏的空白处可以打开面板和工具栏选项卡，如图3－15所示，勾选"图层样式面板"即可打开图层样式面板。

图层样式面板的顶部为图层名称，使用图层名称右侧的下拉箭头即可选择所要编辑的图层。如图3－16所示，首先选择"meuse _ riv _ line"图层，可对河流轮廓线的样式进行编辑。

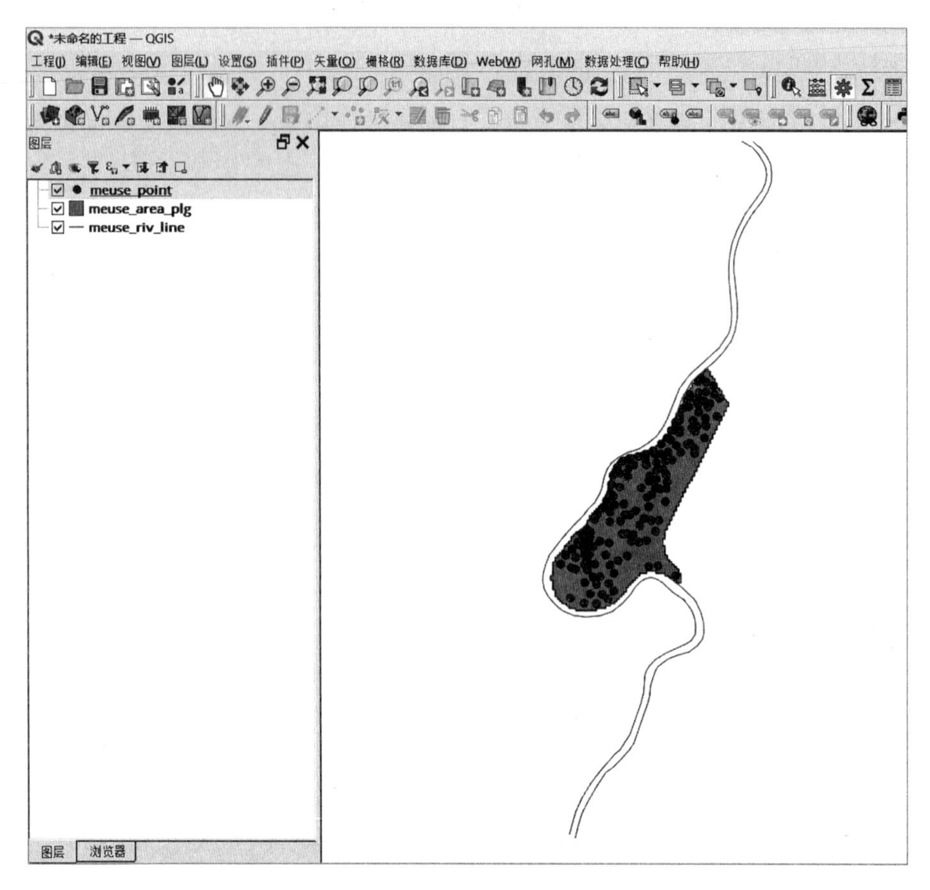

图 3－14　添加 meuse 河矢量数据

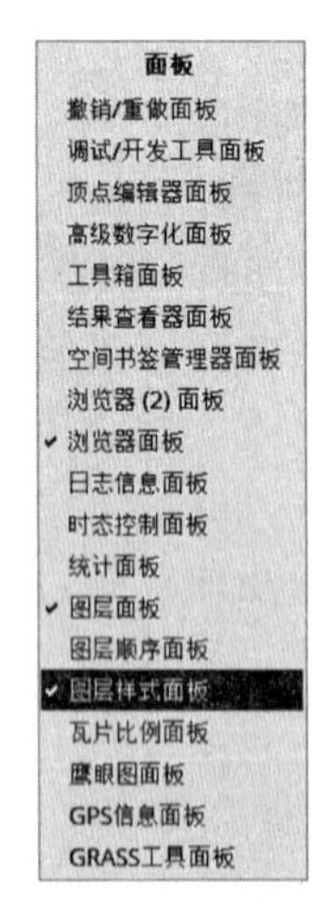

图 3－15　打开图层样式面板

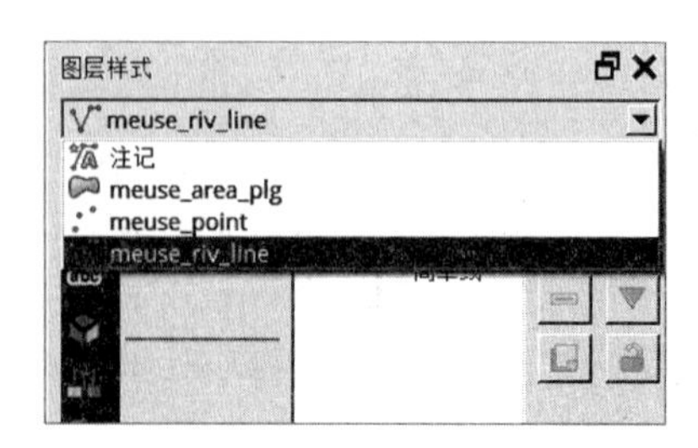

图 3－16　在图层样式面板中选择图层

点击“颜色”后面的颜色选择器（图 3－17），可将河流轮廓线的颜色设置为蓝色。保持其他选项不变，点击右下角的“Apply”按钮。

按照上述方法，将 meuse _ area _ plg 图层的工程样式改为“outline red”，保持其他参数不变，点击右下角的“Apply”按钮（图 3－18）。

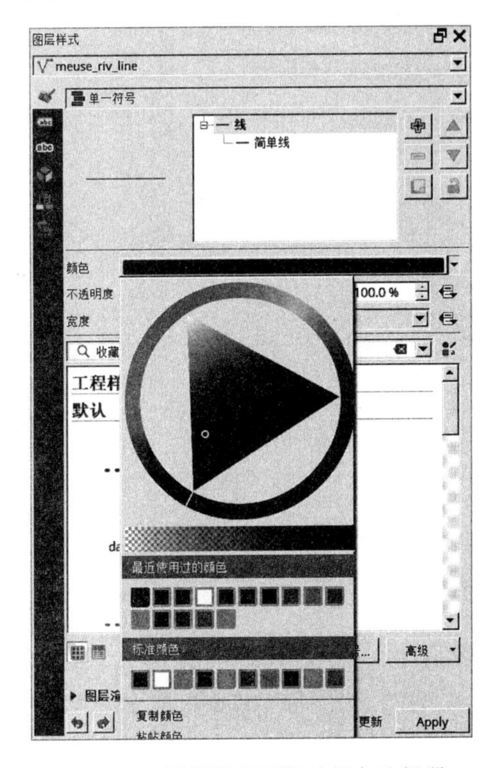

图 3－17　图层样式面板的颜色选择器

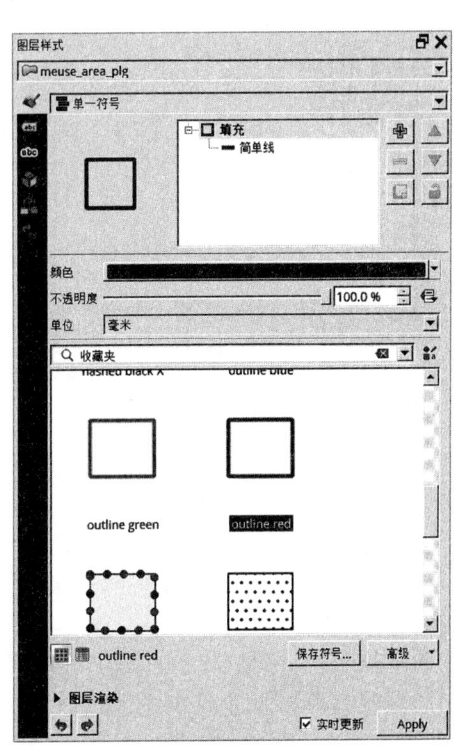

图 3－18　图层样式面板的工程样式

重复以上步骤，将 meuse _ point 图层的工程样式改为“dot black”，大小改为 1.0 毫米，保持其他参数不变，点击右下角的“Apply”按钮。

完成上述操作后，会得到如图 3－19 所示的地图。这个地图包含 meuse 河的轮廓线、采样区域面和采样点，实际上是将矢量数据可视化。但是该地图并未显示研究区域在整个流域中的位置，通过添加背景地图可以解决上述问题。

二、添加背景地图

添加背景地图可以对工作区的地理位置有更加直观的认识。QGIS 有多种方法添加背景地图，这里使用 QuickMapServices 插件添加背景地图。使用 QuickMapServices 插件为 QGIS 项目添加背景地图十分方便，并且地图来源和类型特别丰富，在有些服务无法使用的情况下，很容易找到替代选项。

背景地图通常由网页服务提供，常见的网页服务包括：Tile Map Service（瓦块地图服务，或译为图砖地图服务，简称 TMS）、Web Map Service（网页地图服务，简称 WMS）Web Map Tile Service（网页地图图砖服务，简称 WMTS）、ESRI ArcGIS Services（ESRI 公司的网页地图服务）和简单的 XYZ tiles（XYZ 图砖地图服务）。网

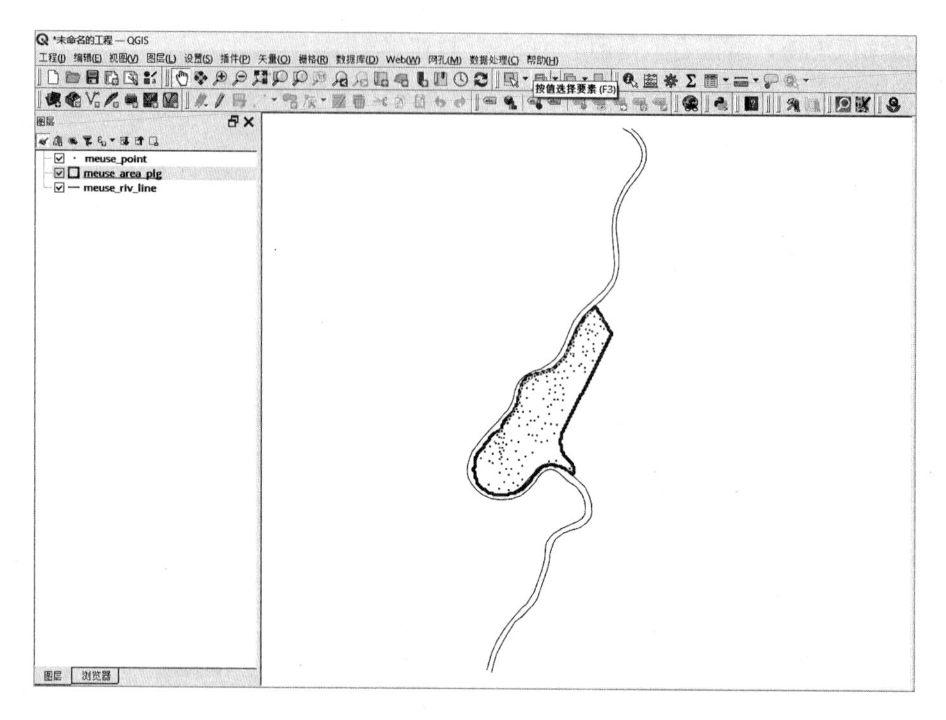

图 3－19 修改 meuse 河数据的图层样式

页地图服务是托管在远程服务器上的服务。与网站类似，只要连接到服务器，就可以进行访问。网页地图服务是实时服务，如果用户在地图上平移或缩放，就会自动刷新视图。

QGIS 使用网页地图服务接收的地图类似于纸上的普通地图，虽然看起来像矢量地图，但其实是图片。通常的情况是，若用户有矢量图层，QGIS 可将其渲染为地图。但是使用网页地图服务时，这些矢量图层位于网络服务器，该服务器将其渲染为地图，并将该地图作为图像发送给用户。QGIS 可以显示此图像，但不能更改矢量数据的显示符号，因为所有这些都是在服务器上完成的。

QuickMapServices 是一个整合的网页地图服务，要使用这些服务，首先安装并激活 QuickMapServices 插件，如图 3－20 所示。

其次，下载第三方的服务包。激活 QuickMapServices 插件后，在 QGIS 的工具栏上会出现 QuickMapServices 和 searchQMS 两个图标。点击 QuickMapServices 图标，在下拉菜单中选择 Settings（设置），如图 3－21 所示。

在 QuickMapServices Settings 对话框（图 3－22）中点击 More services 标签，认真阅读风险告知。该告知提示插件的作者无法为额外的网页地图服务提供担保，风险自负。点击对话框底部的 Get contributed pack（其他人提供的服务包），即可下载最新的服务包。

下载完成后，弹出安装成功对话框，提示已经安装了最新版的第三方服务包。点击

OK，关闭对话框。在 QuickMapServices Settings 对话框中点击 Save 按钮关闭设置对话框。

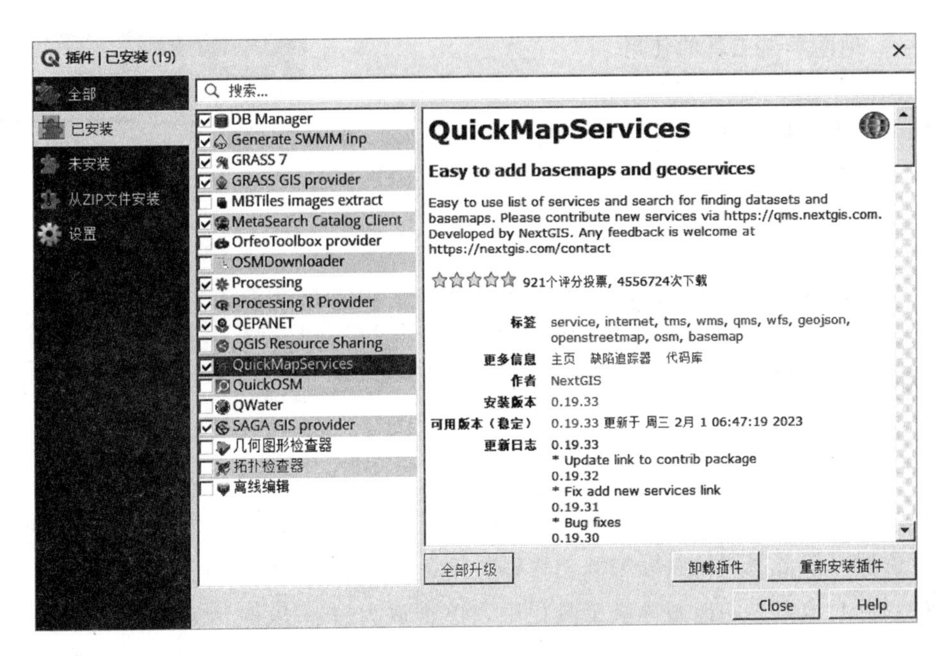

图 3－20　安装 QuickMapServices 插件

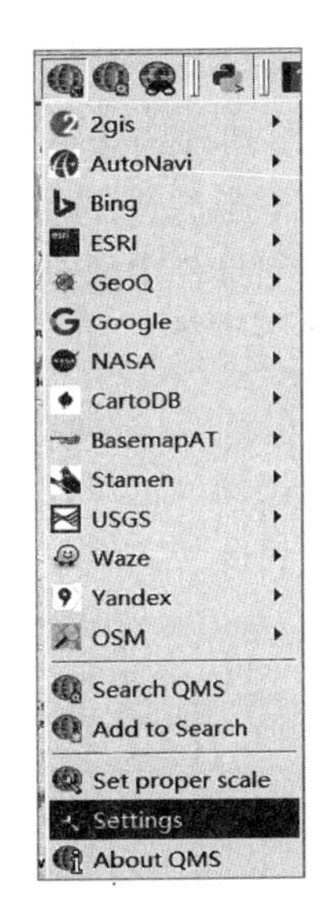

图 3－21　设置 QuickMapServices 插件

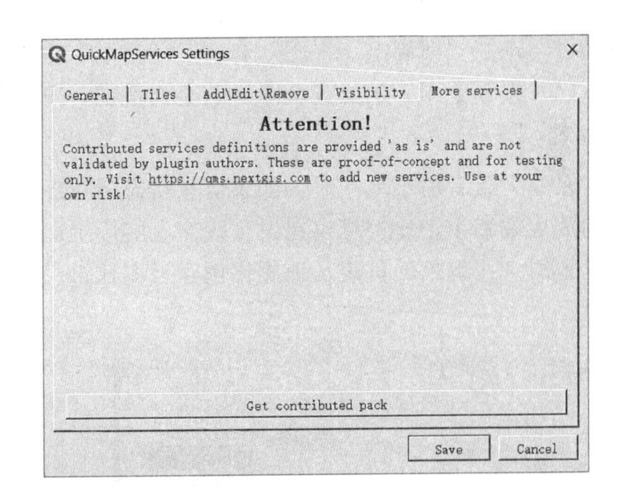

图 3－22　“QuickMapServices Settings”对话框

第三步，加载 Bing 地图。再次点击 QuickMapServices 图标，在下拉菜单中依次选择“Bing | Bing Map”，即可插入背景地图，如图 3－23 所示。

插入背景地图后，可以清晰地看到取样区的具体位置，在取样区的右侧是 Stein 村。

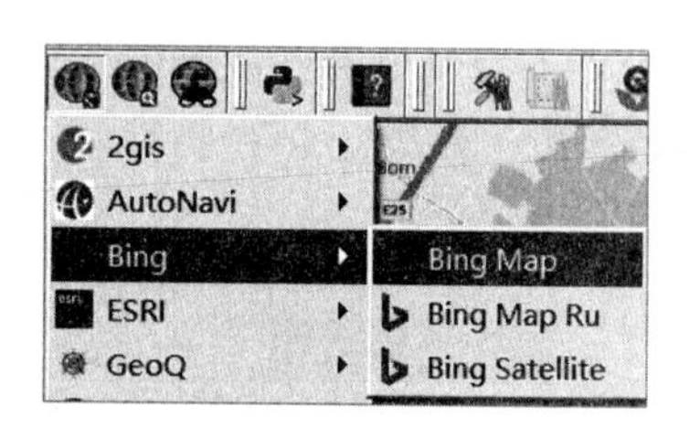

图 3-23　启用 Bing 地图服务

三、浏览地图

（一）地图导航工具的使用

地图制作完成后，可以使用地图导航工具浏览地图的细节，也可以使用空间书签快速返回自定义的地图视图。在默认状态下，地图导航工具停泊在常用工具栏中，如图 3-24 所示。

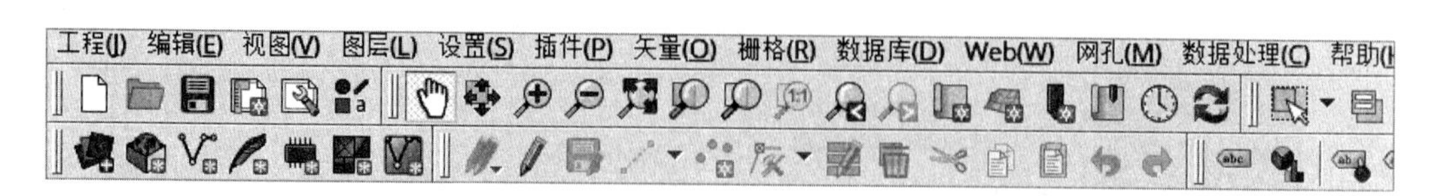

图 3-24　常用工具栏

（1）平移地图。点击手型按钮，即可激活平移功能。将鼠标移动到地图画布区的任意位置，单击并按住鼠标左键，然后向任意方向拖动鼠标即可平移地图。

（2）放大地图。在地图导航工具栏中，单击放大按钮激活地图放大功能。将鼠标移动到想要查看区域的左上角，单击并按住鼠标左键，然后拖动鼠标，创建一个覆盖想要查看区域的矩形。松开鼠标左键，将放大选定的矩形区域。

（3）缩小地图。在地图导航工具栏中，单击缩小按钮激活地图缩小功能。执行与放大地图相同的操作即可。在平移、放大或缩小时，QGIS 会将这些视图保存在历史记录中。点击“回到上一视图”和“下一视图”按钮即可快速切换原来的视图。

（4）查看全图。想要查看图层的全部范围，可以单击地图导航工具栏中的全图显示按钮。

在放大或者缩小地图时，如果留意状态栏（图 3-25）的比例尺，就会发现随着地图的放大或缩小，比例尺也在发生改变。实际上，通过设置地图的比例尺也可以放大或缩小地图。比例尺的值表示地图比例，地图比例尺是地图上的线段长度与实地相应线段

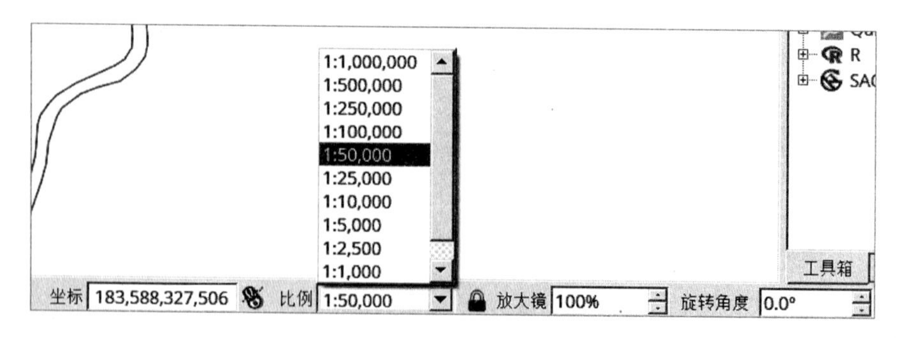

图 3-25　QGIS 状态栏

经水平投影的长度之比。通常，“：”右边的数字表示地图画布中看到的对象比现实世界中的实际对象小多少倍。手动修改比例尺的数值或者使用下来箭头选择列表中的比例尺，即可放大或者缩小地图。

（二）空间书签的定义及使用

空间书签保存的是地图范围，就像书签一样，它可以帮助快速找到预先保存的地图显示界面。要使用空间书签功能，首先要建立空间书签，步骤如下。

（1）新建书签。点击菜单栏的“视图”按钮（图 3－26），选择“新建空间书签...”，打开书签编辑器对话框。

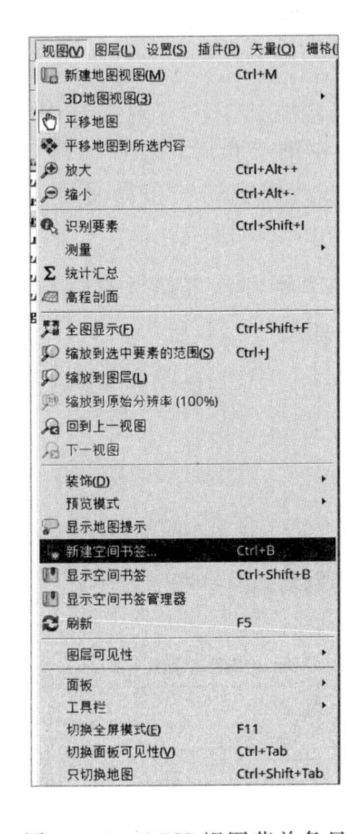

图 3－26 QGIS 视图菜单条目

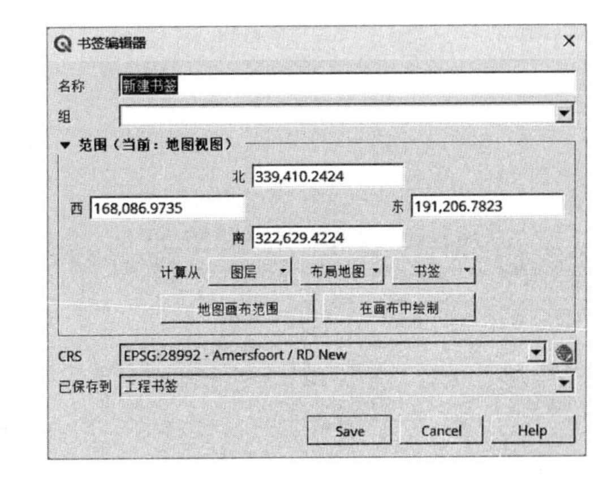

图 3－27 “书签编辑器”对话框

（2）保存书签。在书签编辑器对话框（图 3－27）中修改书签名称，单击右下角的 Save 按钮，即可将当前画布中显示的地图保存为空间书签。

（3）使用书签。在地图导航工具栏中，单击显示空间书签按钮，即可在浏览器中查看已保存的空间书签（图 3－28）。当画布显示范围、地图比例尺等发生改变以后，只要双击保存的空间书签即可返回原视图。

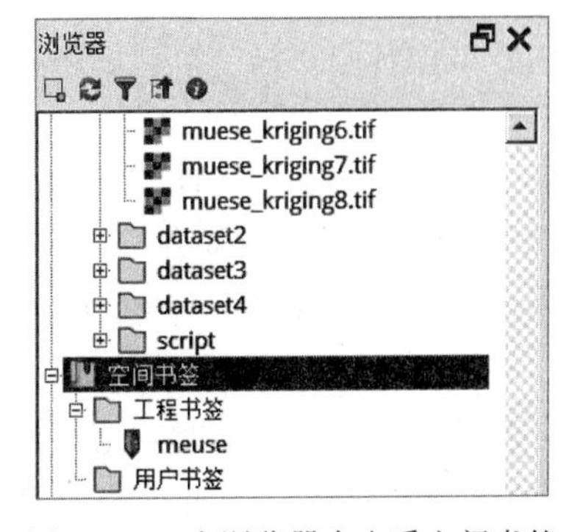

图 3－28 在浏览器中查看空间书签

第三节 导 出 地 图

按照上一节的操作，已经制作了一张地图，那么如何分享这张地图呢？常用的办法是将它导出到PDF文档或图片文档中，也可以打印成纸质地图。不能直接分享QGIS的地图文件的原因是QGIS的地图文件不是图像，它保存的是QGIS程序的状态以及项目所引用的全部图层及其标注、颜色等。因此，对于没有相同QGIS数据的用户来说，地图文件毫无用处。将地图文件导出到任何用户的计算机都可以读取的PDF文档或图片文档是较好的地图分享方式，如果连接了打印机，还可以打印成纸质地图。下面介绍地图的导出和打印。

一、设置地图布局

第一步，创建打印布局。首先，打开如图3－29所示的“布局管理器”对话框。依次单击菜单栏中的“工程｜布局管理器…”或者单击工具栏中的“布局管理器”按钮，即可打开“布局管理器”对话框。

在“布局管理器”对话框下半部分的“由模板新建”栏中，选择“空白布局”，然后按“新建…”按钮，弹出“创建打印布局”对话框，如图3－30所示。

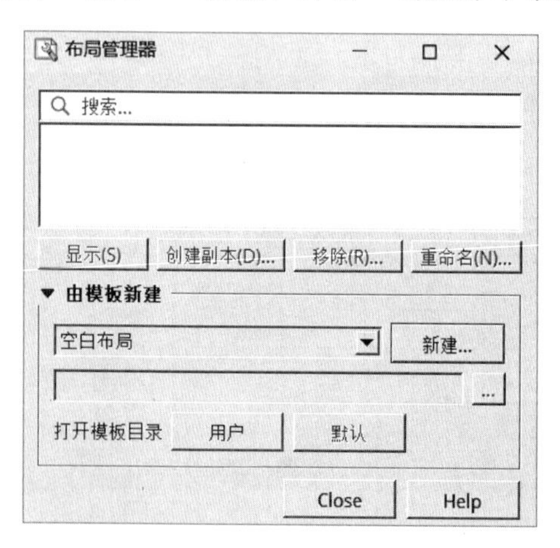

图3－29 “布局管理器”对话框

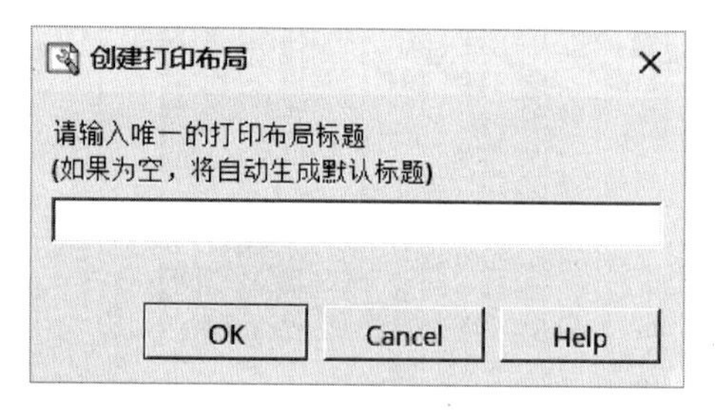

图3－30 “创建打印布局”对话框

在“创建打印布局”对话框中输入打印标题“meuse”，点击“OK”按钮即可创建名为“meuse”的打印布局，如图3－31所示。

第二步，设置页面属性。在meuse打印布局窗口右侧下半部的“项属性”选项卡中，设置页面大小为A4，纸张方向为“横向”，完成页面设置，如图3－32所示。

第三步，添加地图。在meuse打印布局窗口左侧边栏工具箱中，点击添加地图按钮，即可在页面上放置地图。接下来，在空白页面上单击并拖动虚框，使地图布满页面，释放鼠标按钮。此时，地图将出现在页面上。单击地图并拖动使其移动，可以改变地图在页面中的位置。单击并拖动地图边缘上的句柄，可以调整地图边框的大小。

使用打印布局窗口的导航工具栏可以放大和缩小地图的页面视图，

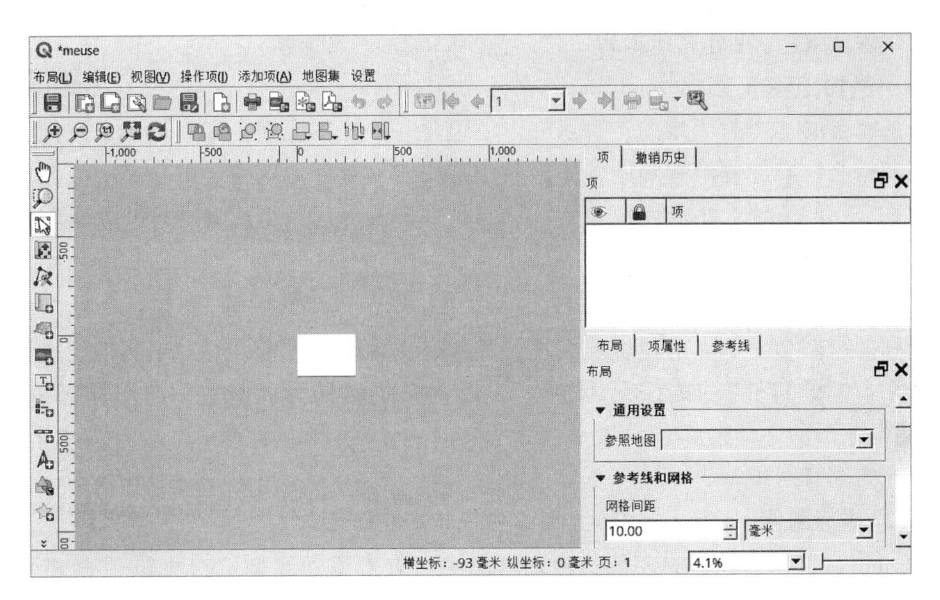

图 3－31　meuse 打印布局

但是不会改变地图的显示区域。要改变地图的显示区域和显示比例，应该使用 QGIS 主窗口的导航工具栏。在 QGIS 主窗口改变了地图的显示区域之后，在打印布局窗口左侧边栏工具箱中，点击“选择/移动项”按钮，即可选择地图页面中的元素。此时，在页面中单击地图即可选中地图，“项属性”选项卡中的内容发生改变，如图 3－33 所示。

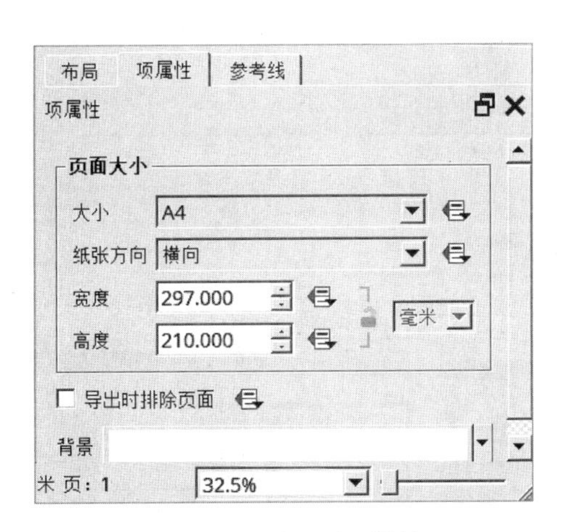

图 3－32　设置页面属性

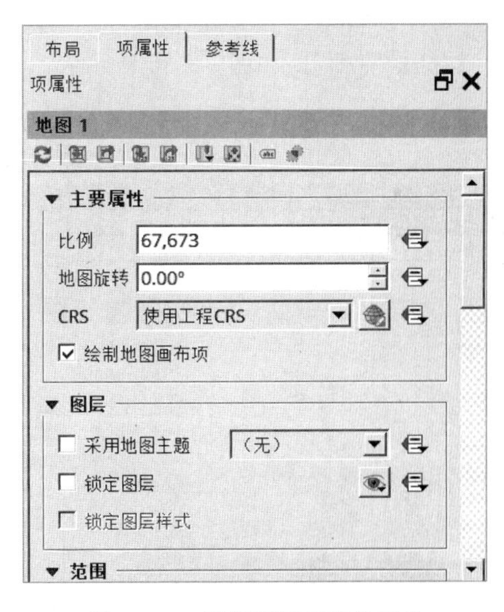

图 3－33　地图页面元素的属性

单击地图“项属性”选项卡顶部工具栏中的第二个按钮，设置地图页面中的显示范围与主画布范围一致，此时即可更新要打印的地图区域。如果由于某种原因，地图视图未正确刷新，可以通过单击刷新视图按钮强制地图进行刷新。单击工具栏中的保存工程按钮，即可保存工程。

二、添加地图元素

一张完整的地图除了地图本身以外，还包含一些地图元素，如：标题、图例、线段比例尺和指北针。标题解释地图的内容和主题，图例解释地图符号的含义，线段比例尺用于计算实际的空间大小和距离，指北针指示地图的方向。下面介绍这些元素的添加。

（一）添加标题

在 meuse 打印布局窗口左侧边栏工具箱中，点击添加标注按钮，在地图页面中拖放鼠标即可调整文本框的位置和大小。放置好文本框位置后，在“项属性”选项卡中可编辑文本框的属性。如图 3－34 所示，设置主要属性为“Meuse 河取样区”；单击“外观”框顶部的字体按钮，设置字体为黑体，大小为 36；设置水平对齐为水平居中，垂直对齐为垂直居中。

（二）添加图例

在 meuse 打印布局窗口左侧边栏工具箱中，点击添加图例按钮，在地图页面中放置图例，在“项属性”选项卡中设置图例属性。首先，在“图例项”框中取消自动更新，此时可编辑图例项内容。用鼠标点选列表中 Bing Map 图例项，在下方的工具栏中点击删除按钮，删除 Bing Map 图例项。用鼠标点选列表中其他的图例项，在下方的工具栏中点击编辑按钮，即可编辑图例项内容。设置“meuse_point”“meuse_area_plg”和“meuse_riv_line”的标注分别为：“取样点”“取样区”和“meuse 河流”。对于“meuse_area_plg”和“meuse_riv_line”项，设置列属性为“在此项之前开始新的一列”，如图 3－35 所示。

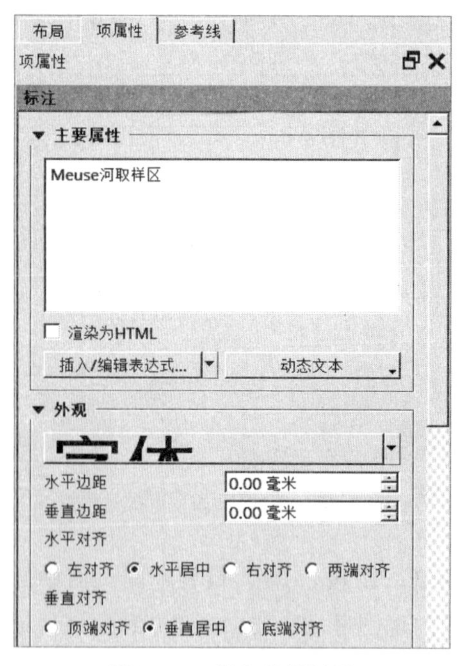

图 3－34 添加地图标题

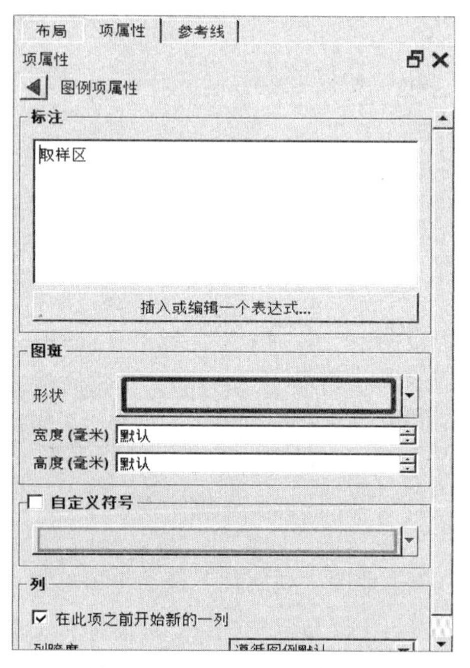

图 3－35 设置地图图例样式

（三）线段比例尺

在 meuse 打印布局窗口左侧边栏工具箱中，点击添加比例尺按钮，在地图页面中放置比例尺。如图 3-36 所示，在“项属性”选项卡中，可设置比例尺的属性。在本例中，为了简化操作，保持比例尺的默认属性不变。

（四）指北针

在 meuse 打印布局窗口左侧边栏工具箱中，点击添加指北针按钮，在地图页面中放置指北针。如图 3-37 所示，在“项属性”选项卡中，从 SVG 图像中选择自己喜欢的比例尺图形，其他的设备保持默认值。

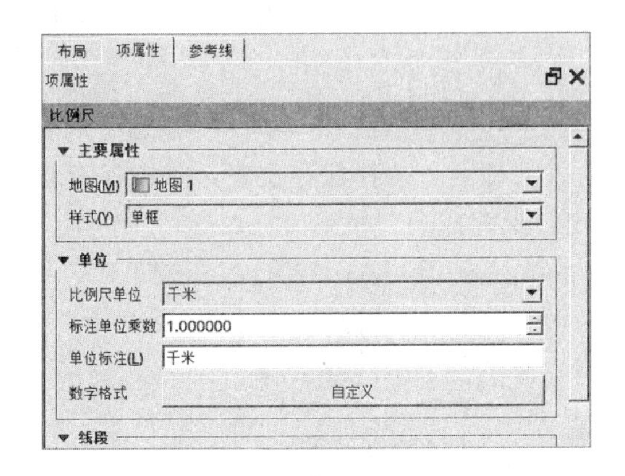

图 3-36　添加比例尺

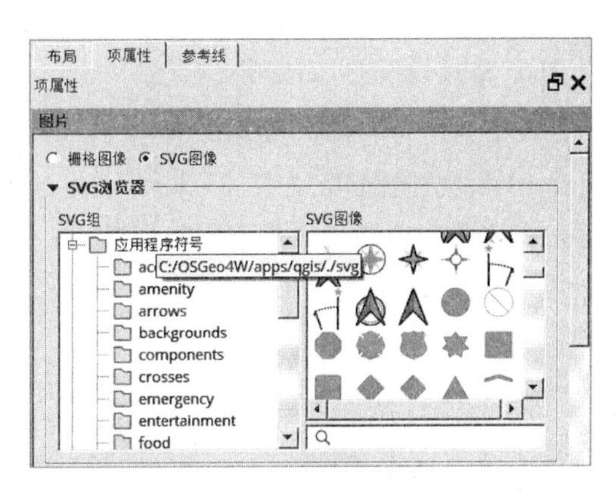

图 3-37　添加指北针

三、导出地图

添加了地图数据和地图元素之后，地图即制作完成，最终的地图页面如图 3-38 所示。下面要把这个地图导出为适宜分享的格式。

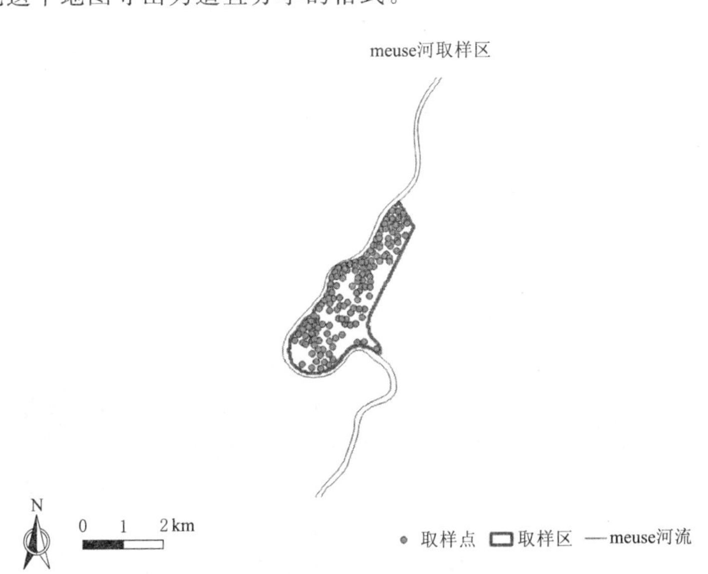

图 3-38　meuse 河取样区地图

在布局窗口工具栏中可以看到打印和导出按钮，从左向右依次是：

（1）打印布局：与打印机的接口。打印机选项会因所使用的打印机型号不同而不同，应查阅打印机手册或打印通用指南。

（2）导出为图像：打开保存图像窗口。提供多种常见图像格式供保存，如 .jpg、.png、.bmp 等格式。

（3）导出为 SVG 文件：如果要将地图发送给制图员，最好将其导出为 SVG 格式。SVG 是指可缩放矢量图形（Scalable Vector Graphic），可以导入矢量图像编辑软件中进行编辑。

（4）导出为 PDF 文件：打开保存 PDF 文档窗口。这是最常见的地图分享方法，因为 PDF 格式设置打印选项更容易。

在本例中，将地图导出为 PDF 文档。首先，点击导出为 PDF 文件按钮，弹出保存 PDF 文档窗口，如图 3－39 所示。然后输入文件名，选择保存位置，点击保存按钮完成地图文档导出任务。导出成功后，会弹出“保存成功”横幅信息。

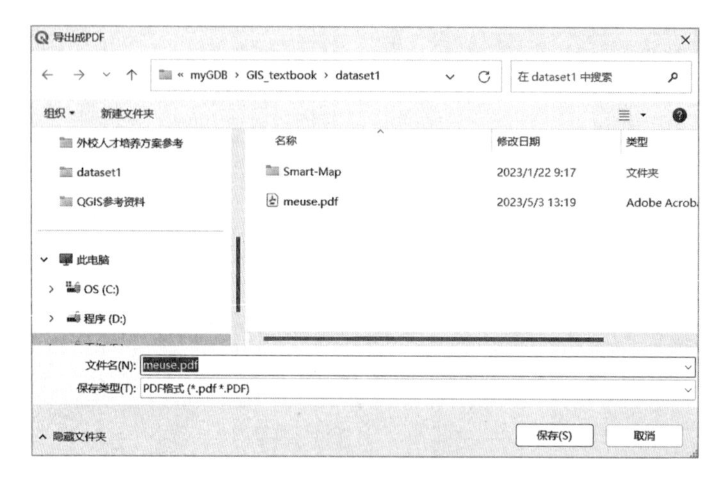

图 3－39　导出 PDF 地图

本章知识点

（1）熟悉 QGIS 的工作界面。

（2）使用 QGIS 浏览器面板管理地理数据库和线上资源。

（3）将常用的项目文件夹添加到收藏夹中，方便地理数据管理。

（4）使用插件可以扩展 QGIS 的功能，QGIS 的一些特殊功能是通过插件实现的。

（5）使用插件管理器安装、升级和卸载 QGIS 的插件。

（6）QGIS 的数据处理框架（processing framework）是一个地理处理环境，用于调用本地算法和第三方算法，这些算法可以帮助用户高效地完成空间分析工作。

（7）数据处理工具箱中的算法拥有相似的界面结构，该界面整体上分为左右两个部分，左侧包含两个标签，分别是“参数”和“记录”，右侧为算法的描述。

(8) 算法界面中的“参数”标签用于输入运行该算法所需的值，它包含一个输入值和参数设置列表。

(9) 从 QGIS 浏览器中查找数据并向画布添加图层。

(10) 使用图层样式面板为图层中的元素设置可视化效果。

(11) 使用 QuickMapServices 插件访问线上地图服务，为 QGIS 项目添加背景地图。

(12) 空间书签保存的是地图范围，使用空间书签可快速返回预先保存的地图视图。

(13) 应将地图导出到 PDF 文档或图片文档中进行分享。

(14) 导出地图是在布局管理器中完成。

项 目 实 践

探索配套数据集中的数据，制作并分享地图。

第四章

坐标参照系统

第一节　空间中点的位置

一、平面上点的位置

要描述平面上任一点的位置，需要一个参照系，通常使用二维的直角坐标系。这是一种特殊的笛卡儿坐标系（Cartesian coordinates），由两个互相垂直的数轴组成，通常将水平方向的数轴称为 x 轴，将垂直方向的数轴称为 y 轴。两数轴的交点称为原点，通常标记为 O。

如图 4-1 所示，点 A 向 x 轴作垂线，与 x 轴相交于1；向 y 轴作垂线，与 y 轴相交于1，则坐标对（1，1）表示 A 点的位置。同理，（5，4）表示 B 点的位置。原点 O 的坐标为（0，0），点 A 与点 B 之间的距离表示为 $\sqrt{(5-1)^2+(4-1)^2}=5$。

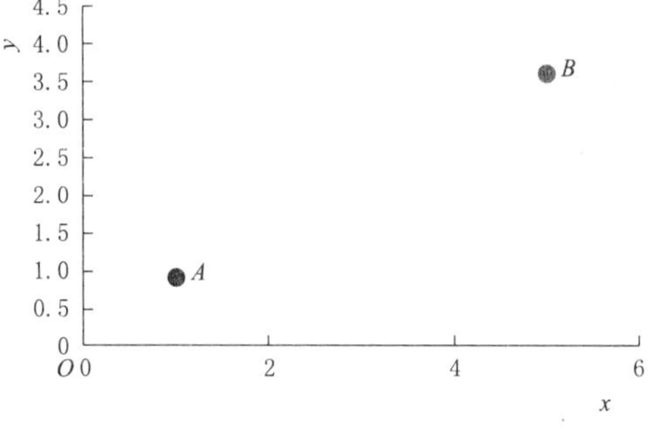

图 4-1　直角坐标系

二、地理坐标系

与确定平面上点的位置相似，描述地球表面上任一点的位置也需要一个参照系，即地理坐标系（geographic coordinate system，GCS）。GCS 是用于定义地球表面空间实体位置的参照系，由椭球体、基准面和经纬度定义。

地球的自然表面是一个高低起伏较大的不规则表面，不能作为测量基准。于是，人们用大地水准面（Geoid）对地球表面进行近似描述。受地球内部物质分布不均匀的影响，大地水准面仍然不是一个光滑的表面。人们进一步对大地水准面进行抽象，提出了旋转椭球体（Ellipsoid）的概念。旋转椭球体是一个可以用数学公式描述的规则的几何表面，由一个椭圆围绕其短轴旋转形成，用来大致模拟地球形状，可以作为确定地球表面位置的基准。基准面（Datum）是选定的旋转椭球体上的点的测量参照系统，定义了经纬度的原点和方向、椭球体与地球中心的偏移量以及测量单位。基准面构成 GCS 的基本定义，GCS 通常从其基准面获得命名。

以地球质量中心为原点的地心大地坐标系，是当今空间时代全球通用的基本大地坐标系。World Geodetic Survey of 1984（简称 WGS 1984）是一种地心坐标系，基于WGS1984 椭球体，是大部分 GPS 装置的默认基准面。我国新一代大地坐标系是 China Geodetic coordinate system 2000，简称 CGCS2000（图 4－2），这是我国北斗卫星导航系统使用的大地坐标系，其具体参数如下：

赤道半径：$a = 6378137\text{m}$

极半径：$b = 6356752.3141\text{m}$

地球扁率：$f = 1/298.257222101$

三、地球表面点的位置

有了地理坐标系，就可以用经度和纬度准确地描述地球表面任一点的位置。经度和纬度都是角度测量值：经度测量的是从本初子午线向东或向西偏移多少度，纬度测量的是从赤道平面向北或者向南偏移多少度。地图上向东（右）为正，向上（北）为正。

本初子午线穿过英格兰格林威治，定义为 0°。以此为起点，可以将地球表面划分为东西各 180°。赤道定义为 0°纬线，以此为起点将地球表面划分为南北各 90°。

如图 4－3 所示，A 点在本初子午线以东 80°，表示为 E80°或东经 80°，在赤道以北 55°，表示为 N55°或北纬 55°。

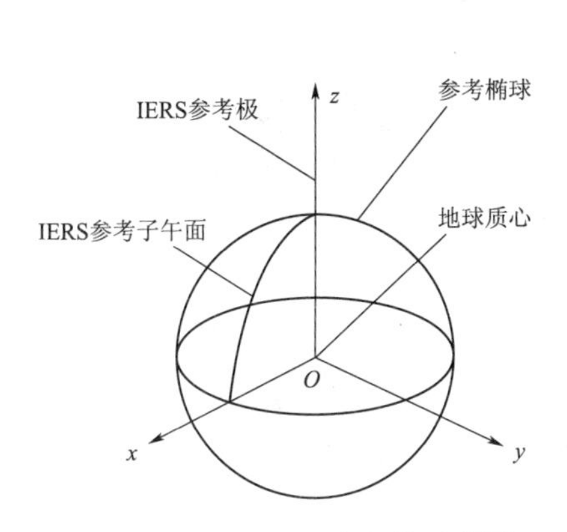

图 4－2　CGCS2000 定义的示意图

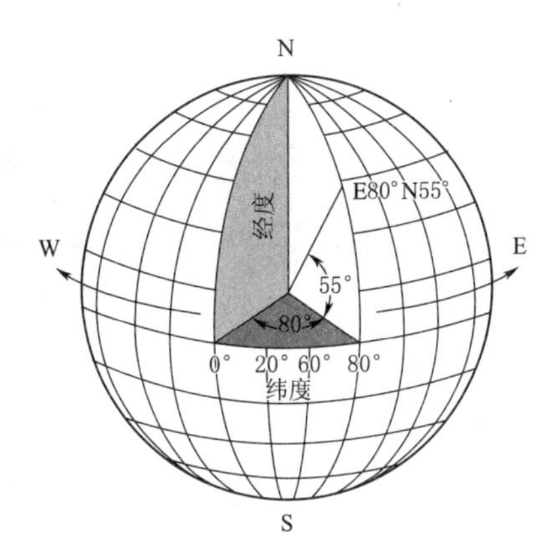

图 4－3　经纬度示意图

与平面坐标系统相对比可以发现，本初子午线相当于平面坐标系的 y 轴，赤道相当于平面坐标系的 x 轴，本初子午线与赤道的交点相当于平面坐标系的原点 O。本初子午线以西的点位于 O 的左侧，为负值；以东的点位于 O 的右侧，为正值。赤道北的点位于 O 的上方，为正值，以南的点位于 O 的下方，为负值。用经纬度表示地球表面任一点的位置类似于用（x，y）坐标对表示平面上任一点的位置。

第二节　地　图　投　影

一、投影的原理

旋转椭球体的面是三维结构，欲将其上的位置信息用二维的纸质地图或屏幕显示出来，需要采用某种数学法则，建立地理坐标与平面直角坐标间的一一对应关系，这一过程是由地图投影完成的。地图投影（map projection）就是依据一定的数学法则，将不可展开的地表曲面映射到平面上或可展开成平面的曲面（如圆锥面、圆柱面等）上，最终在地表面点和平面点之间建立一一对应的关系。在实践中，地图投影就是将球面上以经纬度为单位的坐标对转换为平面上的（x，y）坐标对，在转换过程中三维地理坐标变为二维平面坐标，度变为米（或其他长度单位）。

投影的直观描述：用一个透明的球体代表地球，球面上绘制清晰的经纬网格。在球心位置放置一盏灯，沿赤道位置环绕一张白纸。打开电灯，在灯光照射下经纬网在白纸上投射网状阴影。假设经纬网阴影定格在白纸上，展平白纸就得到地理坐标的圆柱投影。也可以想象成房间中有一盏灯，灯罩是地球仪。圆柱投影、圆锥投影和平面投影的原理如图 4-4 所示。

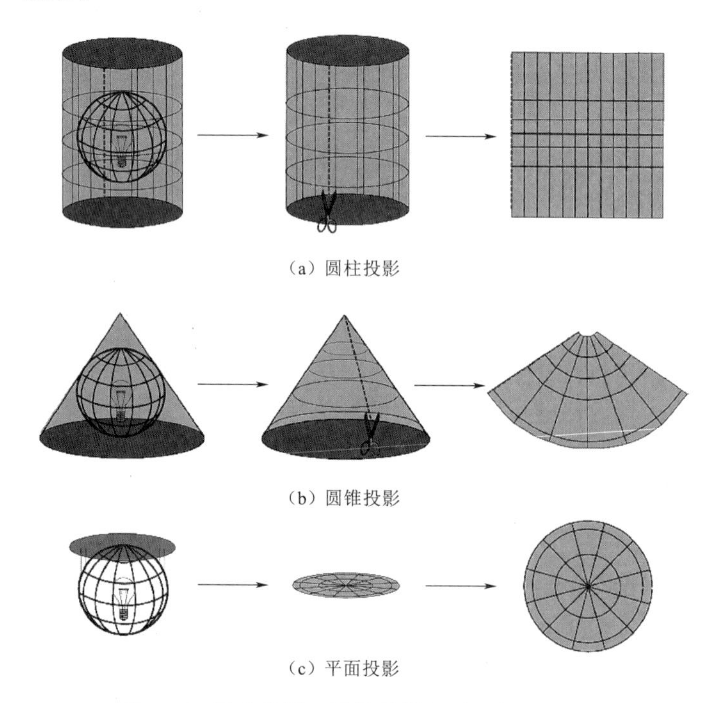

(a) 圆柱投影

(b) 圆锥投影

(c) 平面投影

图 4-4 圆柱投影、圆锥投影和平面投影的原理

地图投影为地理数据的分析和显示带来便利，但是将三维球面投影到二维平面上总是会带来变形（失真）。因此，没有一个投影是完美的，特定的地理区域和特定的地图用途往往需要采用特定的投影方法。

二、投影的分类

将地球表面投影到平面上总是会出现变形，依据地图要素的四种属性（形状、面积、距离和方位）的变形情况可将地图投影分为四类：等角投影（conformal）、等（面）积投影（equal-area or equivalent）、等距（离）投影（equidistant）和方位投影（azimuthal）。

（1）等角投影，又称正形投影，在微小的范围内，可以保持图上的图形与实地形状相似。因此，投影面上任意两方向的夹角与地面上对应的角度相等。等角投影保持了局部的角度和形状。

（2）等（面）积投影，是指地图上任何图形面积经主比例尺放大以后与实地上相应图形面积保持大小不变的一种投影方法。等面积投影保持了区域的相对大小。

（3）等距（离）投影保证了沿特定的线上比例尺的一致性。

（4）方位投影又称平面投影，保持了方向的正确性。

等角投影和等面积投影是互相排斥的，保持等积就不能同时保持等角。但是，一个地图投影可以同时保持等面积属性和方位属性。通常，要消减或消除某种属性的变形，会带来其他属性的变形。如兰伯特等积方位投影，其面积无变形和方向正确，但是形状和距离有变形。

按投影面的形状可以将地图投影划分为圆柱投影（cylindrical projection）、圆锥投影（conical projection）和方位投影（又称平面投影 plane projection）。圆柱投影的投影面是圆柱面，圆锥投影的投影面是圆锥面，方位投影的投影面是平面，如图 4－4 所示。

根据投影面（投影轴）与地球（地轴）的相对位置可以将地图投影分为正轴投影、斜轴投影和横轴投影。正轴投影投影面的旋转轴与地球旋转轴重合，横轴投影投影面的旋转轴与地球旋转轴垂直，其他的情形属于斜轴投影。

根据投影面与地球的空间逻辑关系可以将地图投影分为相切和相割两类（图 4－5）。以正轴圆锥投影为例，正轴切圆锥投影的投影面与地球表面有一条相交的纬线，正轴割圆锥投影的投影面与地球表面有两条相交的纬线。

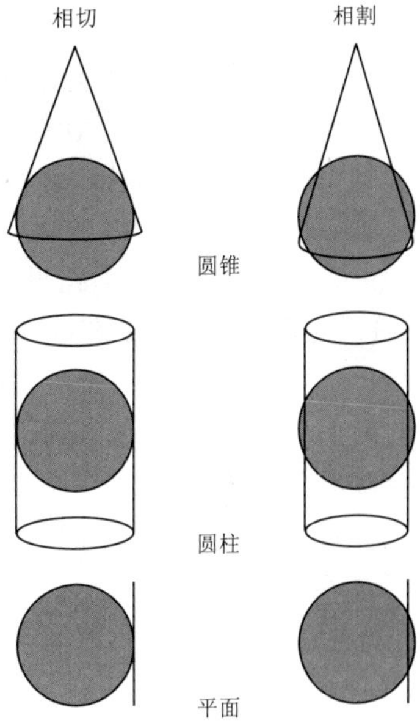

三、地图投影参数

地图投影包含一些参数，如标准线、中央线以及假东或假北。标准线是指投影面与地球表面的切线。切圆锥或切圆柱投影有一条标准线，割圆锥或割圆柱投影有两条标准线。沿纬线的标准线称为标准纬线，沿经线的标准线称为标准经线。地图上要素大小与地面上实际大小的比例称为地图的比例尺。由于投影中必然存在变形，地图上只有标准线上能够保持该比例尺，该比例尺称为地图主比例尺或普通比例尺。远离标准线比例尺会发生改变，即大于或小于主比例尺，该比例尺称为局部比例尺。

图 4－5　地图投影中相切和相割示意图

中央线用来定义地图投影的中心。中央纬线也称作起始纬度或纬度原点，有时也称作参考纬度，指的是 $y=0$ 的纬线，一般选用赤道。中央经线指的是 $x=0$ 的经线，可以选用 0°经线，也可以选用一个地区的中部经线。

选定投影系统之后，中央纬线和中央经线组成平面坐标系的 x 轴和 y 轴，它们的交点为原点 O。平面坐标系有四个象限，只有第一象限的（x，y）全为正。有的时候，为了避免某一地区的经纬度（x，y）出现负值，会平移原点 O。比如从 $O(0,\ 0)$ 移至 $O'(x,\ y)$，则 x 为假东，y 为假北，如图 4－6 所示。

四、常用地图投影

（一）通用横轴墨卡托投影（Universal Transverse Mercator, UTM）

UTM投影属于横轴等角割圆柱投影，存在两条标准经线，标准经线上没有变形。中央经线上长度比（局部比例尺与主比例尺的比值）为0.9996，纬度原点为赤道。

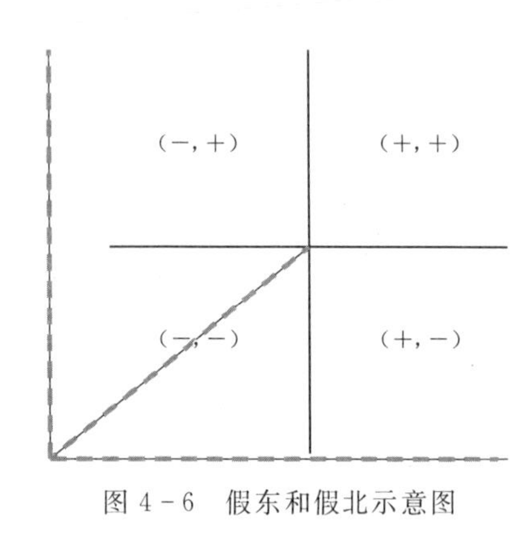

图4-6 假东和假北示意图

除了标准经线以外，该投影的地图上长度和面积变形明显，但无角度变形。为了减少变形，UTM将地球表面划分为60个投影带，每条带经差6°并被依次编号。180°W和174°W之间为起始带，称为第1区。每条带被进一步分为南半球和北半球。比如，UTM 10N指的是北半球126°W和120°W之间的区域。UTM被许多国家和地区当作地形学的基础，应用广泛。我国卫星影像资料常采用该投影。

（二）墨卡托投影（Mercator）

墨卡托投影由荷兰地图学家墨卡托在1569年拟定。其属于等角正切圆柱投影，无标准经线，有一条标准纬线，这点与UTM不同。

除标准纬线外，墨卡托投影的地图上长度和面积变形明显。而且，从标准纬线向两极变形逐渐增大。墨卡托投影无角度变形，地图上经线和纬线都是平行线，经线间隔相等，纬线间隔从标准纬线开始向两极逐渐增大。在地图上保持方向和角度的正确是墨卡托投影的优点，因此墨卡托投影地图常用作航海图和航空图。

（三）高斯-克吕格（Gauss-Kruger）投影

高斯-克吕格投影由德国数学家高斯于19世纪20年代拟定，德国大地测量学家克吕格于1912年对投影公式加以补充。该投影是等角横切椭圆柱投影，存在一条标准经线（也是中央经线），纬度原点为赤道。使用该投影的地图具有等角性质，没有角度变形，除标准经线以外，地图上长度和面积变形较大。同一条纬线上，离标准经线越远变形越大；同一条经线上（非标准经线），纬度越低变形越大。

我国的地形图常采用高斯-克吕格投影，为了减小变形采用分带方法，这点与UTM相似。从0°经线开始，每6°为一个投影带，全球共分为60个投影带。我国领土位于72°E到136°E之间，共11个投影带。

（四）兰伯特（Lambert）等角投影

兰伯特等角投影由德国数学家兰伯特在1772年拟定，属于等角正轴割圆锥投影。存在两条标准纬线。采用该投影的地图上，纬线为同心圆弧，经线为同心圆半径。地图上角度没有变形，两条标准纬线上没有任何变形；在同一条经线上，两条标准纬线外侧为正变形（长度比大于1），内侧为负变形；变形相对较小。我国1∶100万地形图常采用该投影。

（五）阿尔伯斯（Albers）等面积投影

阿尔伯斯等面积投影由阿尔伯斯于1805年拟定，属于等面积正轴割圆锥投影，与兰伯特投影属于同一族，差异在于面积无变形。我国省区图常采用该投影。

第三节 坐标参照系统

一、坐标参照系统

坐标参照系统（Coordinate Reference Systems，CRS）定义了二维地图坐标与地球表面位置相关联的方法。QGIS 中的 CRS 是由底层的“Proj”投影库提供，支持约 7000 个已知的 CRS。CRS 包含两部分：地理 CRS（geographical CRS）和投影 CRS（projected CRS）。地理 CRS 包含椭球体和基准面，投影 CRS 既包含底层的椭球体和基准面，也包含地图投影方法。所以，QGIS 中的 CRS 即描述了 GCS，也描述了投影方法。通常所说的 CRS 与投影 CRS 意思是一样的。在 ArcGis 中投影坐标系统包含 GCS 和地图投影，因此其与 QGIS 中的 CRS 是对等的。

GCS 也被当成一种 CRS 或投影坐标系，尽管其实际上并未投影。严格来说，作为一种三维坐标系统，GCS 不能显示在屏幕上或地图上。采用一种简单的等量矩形投影，将经纬度看成平面距离而不是角度能够在屏幕上描述 GCS 坐标。此时，赤道为 x 轴，0°经线为 y 轴；x 轴区间在－180°至 180°之间，y 轴区间在－90°到 90°之间。这样做会产生非常大的变形，通常不适宜用于空间分析。

要准确地描述某个地理要素的位置，需要提供多个详细的坐标系统参数，在应用时非常不方便。使用 EPSG 编号（EPSG code）可以解决上述问题。EPSP 的英文全称是 European Petroleum Survey Group，中文名称为欧洲石油调查组织，当前属于 Oil & Gas Producers（OGP）Surveying & Positioning Committee，中文名称为油气生产者（OGP）勘探及定位委员会。它负责维护并发布坐标参照系统的数据集参数以及坐标转换描述。目前已有的椭球体、投影坐标系都对应着不同的 ID 号，这个 ID 号在 EPSG 中被称为 EPSG 编号（EPSG code），它提供了椭球体、单位、地理坐标系或投影坐标系等信息。EPSG 编码的具体含义都可以在 Coordinate Systems Worldwide 网站上查到（网址：https：//epsg. io/）。

我国新一代大地坐标系是 CGCS2000，这是我国北斗卫星导航系统使用的大地坐标系，它的 EPSG 编号 4490。在 Coordinate Systems Worldwide 网站上输入 4490，即可查到 CGCS2000 的属性信息。下面具体看看 CGCS2000 属性信息的含义：

（1）Unit：degree [supplier to define representation（单位：度）]。

（2）Geodetic CRS：China Geodetic Coordinate System 2000（地心大地坐标系：中国地心大地坐标系 2000）。

（3）Datum：China 2000（基准面：中国 2000）。

（4）Ellipsoid：CGCS2000（参考椭球：CGCS2000）。

（5）Prime meridian：Greenwich（本初子午线：Greenwich）。

（6）Data source：EPSG（数据来源：EPSG）。

（7）Information source：EPSG. See 3D CRS for original information source（信息来源：EPSG）。

（8）Revision date：2020－08－31（版本日期：2020－08－31）。

（9）Scope：Horizontal component of 3D system（范围：3D 系统的水平面组件）。

（10）Remarks：Adopted July 2008. Replaces Xian 1980（CRS code 4610）（摘要：2008 年 7 月采用，替代西安 1980 系统）。

（11）Area of use：China－onshore and offshore（地理范围：中国-陆地及近岸）。

（12）Coordinate system：Ellipsoidal 2D CS. Axes：latitude，longitude. Orientations：north，east. UoM：degree（坐标系统：椭圆体的 2D 坐标系统；轴：纬度，经度；方向：北，东；测量单位：度）。

另一个常用的坐标系统是 EPSG：4326，也就是 WGS 84，WGS（World Geodetic System）是世界大地测量系统的意思，由于是 1984 年定义的，所以叫 WGS84。它是由美国主导的 GPS 系统的参照坐标系。EPSG：4326 的应用地理范围是全球（Area of use：World）。

二、实例采用的 CRS

使用 QGIS 打开本教材附带的实例数据集，即可查看它们的坐标参照系（CRS）。在浏览器中任意打开一个 meuse 数据集中的地理数据文件，在 QGIS 主窗口右下角会显示该地理数据采用的 CRS 为：EPSG:28992。单击该 EPSG 编号，可以打开工程坐标参照系对话框。EPSG：28922 对应的参照系是 Amersfoort/RD New，在对话框的左下角会显示 EPSG：28922 的属性。

（1）单位：米（m）。

（2）静态（依赖于板块固定的基准面）。

（3）天体：Earth。

（4）方法：Oblique Stereographic Alternative。

采用同样的方法，查看第二个数据采用的 CRS 为 EPSG：32632，名称为 WGS 84/UTM zone 32N（基于 WGS 84 椭球的横轴墨卡托投影北纬 32 区）。它的属性为

（1）单位：米（m）。

（2）动态（依赖于非板块固定的基准面）。

（3）天体：Earth。

（4）基于 World Geodetic System 1984 ensemble（EPSG：6326），精度最高为 2m。

（5）方法：Universal Transverse Mercator（UTM）。

这个信息说明，第二个数据采用的基准面与 EPSG：4326 是一样的。但是，EPSG：32632 进行了投影，投影方法为横轴墨卡托（UTM）。不同于 EPSG：4326，EPSG：32632 的单位是米（m）。

第三个数据采用的 CRS 为 IGNF：LAMB 93，从属性中可以看出它的名称为 RGF93 Lambert 93，单位为米（m），投影方法为 Lambert Conformal Conic（兰伯特等角圆锥投影）。在属性表中还可以看到 WKT 信息。WKT 是一种文本标记语言，用文字形式来描述坐标参照系统。从 IGNF：LAMB93 的 WKT 信息中可以看出地理坐标系统（BASEGEOGCRS）、投影方法（CONVERSION）、平面坐标系（CS）、使用范围（USAGE）和官方代码（ID）等信息。下面是一个在法国（FRANCE）使用的参照系。

```
PROJCRS["RGF93 Lambert 93",
    BASEGEOGCRS["RGF93 geographiques(dms)",
        DATUM["Reseau Geodesique Francais 1993 v1",
            ELLIPSOID["GRS 1980",6378137,298.257222101,
                LENGTHUNIT["metre",1]]],
        PRIMEM["Greenwich",0,
            ANGLEUNIT["degree",0.0174532925199433]],
        ID["IGNF","RGF93G"]],
    CONVERSION["LAMBERT-93",
        METHOD["Lambert Conic Conformal(2SP)",
            ID["EPSG",9802]],
        PARAMETER["Latitude of false origin",46.5,
            ANGLEUNIT["degree",0.0174532925199433],
            ID["EPSG",8821]],
        PARAMETER["Longitude of false origin",3,
            ANGLEUNIT["degree",0.0174532925199433],
            ID["EPSG",8822]],
        PARAMETER["Latitude of 1st standard parallel",44,
            ANGLEUNIT["degree",0.0174532925199433],
            ID["EPSG",8823]],
        PARAMETER["Latitude of 2nd standard parallel",49,
            ANGLEUNIT["degree",0.0174532925199433],
            ID["EPSG",8824]],
        PARAMETER["Easting at false origin",700000,
            LENGTHUNIT["metre",1],
            ID["EPSG",8826]],
        PARAMETER["Northing at false origin",6600000,
            LENGTHUNIT["metre",1],
            ID["EPSG",8827]]],
    CS[Cartesian,2],
        AXIS["easting(X)",east,
            ORDER[1],
            LENGTHUNIT["metre",1]],
        AXIS["northing(Y)",north,
            ORDER[2],
            LENGTHUNIT["metre",1]],
    USAGE[
        SCOPE["NATIONALE A CARACTERE LEGAL"],
        AREA["FRANCE METROPOLITAINE(CORSE COMPRISE)"],
        BBOX[41,-5.5,52,10]],
    ID["IGNF","LAMB93"]]
```

第四个数据采用的 CRS 为 EPSG：2154，它的名称为 RGF93 v1/Lambert - 93，单位为米（m），投影方法为 Lambert Conformal Conic（兰伯特等角圆锥投影）。这也是一个在法国（FRANCE）使用的参照系。

三、投影转换和动态投影

投影转换主要研究从一种地图投影变为另一种地图投影的理论和方法，其实质是建立两个投影平面间点的对应关系。当使用的数据集采用不同的投影方法时，需要进行投影转换。投影转换常利用的方法是数值变换法，获得的是近似的数值解，解的经度和稳定性受多个因素的影响。

在“工程坐标参照系”对话框中（图 4 - 7），可以转换地理数据的参照系。以第一个数据集（meuse）为例，在工程坐标参照系对话框顶部“过滤器”中，输入 4326，在预定义坐标参照系中会查询到 WGS 84。单击 WGS 84，在对话框的左下角会显示 WGS 84 的属性。

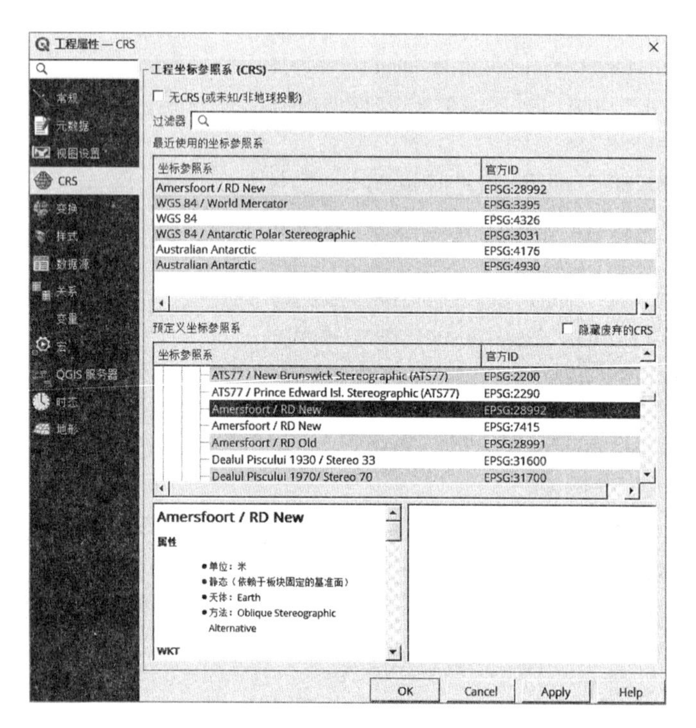

图 4 - 7 设置工程坐标参照系

（1）地理坐标系（使用经纬度作为坐标）。

（2）动态（依赖于非板块固定的基准面）。

（3）天体：Earth。

（4）基于 World Geodetic System 1984 ensemble（EPSG：6326），精度最高为 2m。

（5）方法：Lat/long（Geodetic alias）。

点击 OK 按钮，即可修改地理数据的坐标参照系为 WGS 84。

QGIS 默认执行动态投影（On - The - Fly Projection）功能，即当新建一个项目时，可以定义特定的投影，后续添加的图层都将采用该投影进行显示。该功能的前提是添加的数据集具备有效的投影描述，如果没有，软件将会有提示。需要注意的是动态投影并不改变数据集原始的 CRS。在默认情况下，QGIS 将执行最精准的转换，这可能需要额外的转换支持文件，当有最新的文件可下载时，QGIS 将会弹出一个警告信息框。

本章知识点

（1）要描述平面上任一点的位置，需要一个参照系，通常使用二维的直角坐标系。

（2）地理坐标系（geographic coordinate system，GCS）是用于定义地球表面空间实体位置的参照系。

（3）基准面（Datum）是选定的旋转椭球体上的点的测量参照系统，定义了经纬度的原点和方向、椭球体与地球中心的偏移量以及测量单位。

（4）基准面构成地理坐标系的基本定义。

（5）World Geodetic Survey of 1984（简称 WGS 1984）是一种地心坐标系，基于 WGS1984 椭球体，是大部分 GPS 装置的默认基准面。

（6）我国新一代大地坐标系是 China Geodetic coordinate system 2000（简称 CGCS2000），这是我国北斗卫星导航系统使用的大地坐标系。

（7）经度和纬度都是角度测量值，经度测量的是从本初子午线向东或向西偏移多少度，纬度测量的是从赤道平面向北或者向南偏移多少度。

（8）地图上向东（右）为正，向上（北）为正。

（9）地图投影（map projection）就是依据一定的数学法则，将不可展开的地表曲面映射到平面上或可展开成平面的曲面（如，圆锥面、圆柱面等）上，最终在地表面点和平面点之间建立一一对应的关系。

（10）在实践中，地图投影就是将球面上以经纬度为单位的坐标对转换为平面上的（x，y）坐标对，在转换过程中三维地理坐标变为二维平面坐标，度变为米（或其他长度单位）。

（11）依据地图要素的四种属性（形状、面积、距离和方位）的变形情况可将地图投影分为四类：等角投影（conformal）、等（面）积投影（equal - area or equivalent）、等距（离）投影（equidistant）和方位投影（azimuthal）。

（12）按投影面的形状可以将地图投影划分为圆柱投影（cylindrical projection）、圆锥投影（conical projection）和方位投影（又称平面投影 plane projection）。

（13）根据投影面（投影轴）与地球（地轴）的相对位置可以将地图投影分为正轴投影、斜轴投影和横轴投影。

（14）根据投影面与地球的空间逻辑关系可以将地图投影分为相切和相割两类。

（15）标准线是指投影面与地球表面的切线，沿纬线的标准线称为标准纬线，沿经线的标准线称为标准经线。

（16）地图上要素大小与地面上实际大小的比例称为地图的比例尺。

（17）有时候为了避免某一地区的经纬度（x，y）出现负值，会平移原点 O，比如从 $O(0,0)$ 移至 $O'(x,y)$，则 x 为假东，y 为假北。

（18）常用投影有通用横轴墨卡托投影、墨卡托投影、高斯-克吕格、兰伯特等角投影和阿尔伯斯等面积投影。

（19）QGIS中的坐标参照系统（Coordinate Reference Systems，CRS）即描述了GCS，也描述了投影方法。

（20）使用EPSG编号（EPSG code）可以方便地描述坐标参照系统。

（21）QGIS默认执行动态投影（On－The－Fly Projection）功能，即当新建一个项目时，可以定义特定的投影，后续添加的图层都将采用该投影进行显示。

项 目 实 践

加载配套数据集中的数据，查看数据采用的坐标参照系统，写出它们的单位、基准面和应用范围。

第五章

GIS 数据基本操作

空间数据是 GIS 的核心，没有数据无法进行空间分析，也不能制作地图。空间数据具有三个基本特征：空间特征、属性特征和时间特征。有两种数据模型可以描述要素(features) 的空间特征，分别是矢量数据模型和栅格数据模型，与之相对应，有矢量数据结构和栅格数据结构。属性特征描述的是要素具有的专属性质，如名称、数量、质量等，这些特征储存在属性数据中。时间特征是指要素随时间的变化情况，本教材不涉及时间特征。本章主要介绍矢量数据和栅格数据的特征，以及如何获取和管理上述两类数据及其属性数据。

第一节　GIS　数　据

一、数据的分类

按照数据的来源，GIS 数据可分为原始数据和二级数据。GIS 有很多数据来源，可以是第一手的观测值，称之为原始数据 (primary)；也可以是地图、航空照片、卫星图片、互联网 GIS 服务等，它们来自于其他的个体或组织，称之为二级数据(secondary)。如在 meuse 取样地图中，取样点的位置是第一手的观测值，背景地图来自互联网 GIS 服务。原始数据和二级数据最初的来源都是地理空间，是对空间要素的描述。

按照空间要素的特点，可以分为离散型 (Discrete) 和连续型 (Continuous) 数据。离散型数据是指其数值只能用自然数或整数单位计算的数据，所表示的空间要素具有明确的边界。农场里的水井与周围的农作物有明显的分界，在地图上可以用一个点 (单独的坐标) 来表示。田间道路与两侧农田之间有明显的分界，可以用线 (一组坐标) 来表示道路，用面 (一组坐标首尾相连围成的多边形) 来表示农田。点、线、面三者之间的过渡是突然的而非渐变的。连续型数据是指在一定区间内可以任意取值的数据，其数值是连续不断的。如一座大山山脊高程的变化，从山脚到顶峰高程的变化是连续的；一个地区降雨量随地点的变化也是连续的，这些现象适宜用连续型数据进行描述。

按照数据结构分类，GIS 数据可分为矢量数据和栅格数据。数据结构即数据组织的形式，是指数据以什么形式在计算机中存储和处理。矢量数据结构是利用欧氏空间的点、线、面等几何元素来表达空间要素的几何特征及其空间分布的一种数据组织形式。

点（point）由一个坐标对构成，是最简单、最基础的空间要素，属于零维空间。线（Line）由一些列点组成，属于一维空间，具有长度、起点和终点属性。面（Polygon）是由线组成的闭合空间，是一个封闭的多边形，具有面积和周长，属于二维空间。点、线、面都是带有属性特征的不连续同质单元，其最大的特点是在显示时不会失真。矢量数据用一系列坐标对来表示地理要素，数据存储冗余度低，常用于储存离散数据。如：用点来表示农场里的水井，用线来表示田间道路，用面来表示农田。

按照是否包含拓扑关系，矢量数据结构分为无位相数据结构和拓扑数据结构。无位相结构也称面条（Spaghetti）结构，是指将空间要素储存为独立的对象，彼此之间不相联系的矢量数据结构，比如ESRI公司的shapefile文件。拓扑数据结构储存要素及其之间的拓扑关系。在GIS中拓扑用来描述空间要素不随拉伸或弯曲等变形而改变，也与坐标系无关的几何特征。这些拓扑特征也与测量比例尺无关。空间要素之间的拓扑关系包括：邻接（adjacency）、包含（containment）和连通（connectivity），这些拓扑关系不考虑要素的具体位置。邻接和包含常用来描述面要素间的几何关系。两个面之间共用一条边时称为邻接。一个面完全包围另一个面时称为包含，比如湖面与湖心小岛的关系。连通常用来描述线要素之间的连接。

理解空间要素间的拓扑关系在GIS分析和综合中具有重要的意义。根据拓扑关系，不需要利用坐标或者计算距离，就可以确定一个空间实体相对于另一个空间实体的空间位置关系。有利于空间要素的查询，如：回答哪些区域相互邻接，某条河流是否流经某个区域等。也有利于进行空间分析，如：回答两点间最短路径、邻近区域有什么实体等。

栅格数据结构是指将空间分割成有规则的网格，在各个网格上给出相应的属性值来表示空间实体的一种数据组织形式。栅格数据由像素矩阵或者像元矩阵组成。在栅格数据中用一个有固定大小的面元来表示地理要素的基本元素，常用于储存连续数据。常见的有航空相片、卫星图像等

二、数据的特征

GIS数据都具有三个基本特征：空间特征、属性特征和时间特征，这点与第一章介绍的GIS信息的特征相似。空间特征是指地理现象和过程所在的位置、形状和大小等几何特征，以及与相邻地理现象和过程之间的空间关系。空间特征是GIS数据区别于其他数据最突出的特征。对空间特征的描述可以是文本，也可以是坐标对，其中坐标对是地图上常用的形式。属性特征描述的是地理现象和过程具有的专属性质，如名称、数量、质量等，也称为主题特征（thematic characteristics）。在GIS中，属性数据通常是指非空间数据或主题数据，存储在“属性表”里。时间特征是指要素随时间的变化情况，描述事件发生的时间或数据采集的时间。本教材不涉及时间特征。简单而言，空间特征数据回答地理现象发生的地点，属性数据回答现象是什么，时间特征数据回答发生的时间。

在应用中，GIS数据的组织方式与其基本特征有关，如空间分幅、属性分层和时间分段。空间分幅是指将整个地理空间划分为多个子空间，再选择要描述的子空间。属性分层是指将要描述的GIS数据抽象成不同类型属性的数据层，根据制图目的将图层叠

加构成想要的地图。时间分段是指将有时间特征的 GIS 数据按其变化规律划分为不同时间段的数据，逐一表达。比如多个季节的产量数据，往往按季节分类保存。

三、数据的存储格式

数据格式（data format）是数据保存在计算机文件中的编排格式。矢量数据常见的数据格式有：ESRI 公司的 Shapefile、Geodatabase 和 QGIS 采用的 GeoPackage。栅格数据常见的数据格式有 GeoTIFF，它是当前最流行的栅格数据格式。如：干旱地图用到的卫星图片，流域分析用到的 DEM 图片。

属性数据可以孤立数据表存在，也可以伴随矢量数据和栅格数据存在。矢量数据和栅格数据存储属性数据的方式不一样。空间实体的位置数据和属性数据构成实体的整体。创建矢量数据层首先要确定该层的几何性状以及其属性表。矢量数据结构的 GIS 数据的属性数据大多存储在关系型数据库中。

以数据集 1 中的取样点矢量数据为例，meuse _ point 的属性数据是与其矢量数据保存在一起的。在图层中选择 meuse _ point，在工具栏中点击 ▤ 按钮，即可打开 meuse _ point 的属性数据，如图 5 - 1 所示。在属性数据表中，可以编辑属性数据。

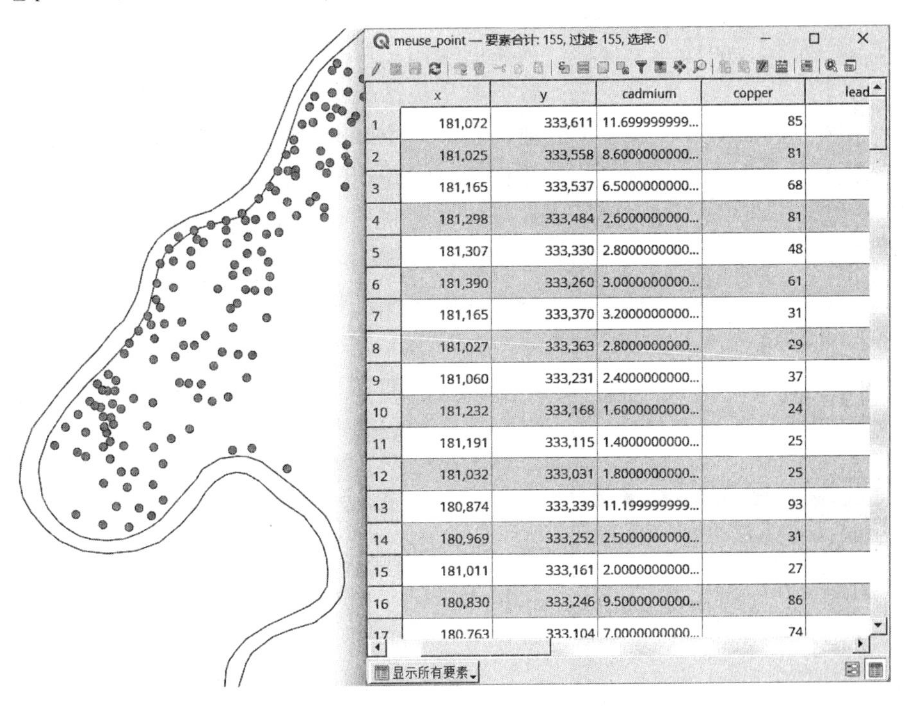

	x	y	cadmium	copper	lead
1	181,072	333,611	11.699999999...	85	
2	181,025	333,558	8.6000000000...	81	
3	181,165	333,537	6.5000000000...	68	
4	181,298	333,484	2.6000000000...	81	
5	181,307	333,330	2.8000000000...	48	
6	181,390	333,260	3.0000000000...	61	
7	181,165	333,370	3.2000000000...	31	
8	181,027	333,363	2.8000000000...	29	
9	181,060	333,231	2.4000000000...	37	
10	181,232	333,168	1.6000000000...	24	
11	181,191	333,115	1.4000000000...	25	
12	181,032	333,031	1.8000000000...	25	
13	180,874	333,339	11.199999999...	93	
14	180,969	333,252	2.5000000000...	31	
15	181,011	333,161	2.0000000000...	27	
16	180,830	333,246	9.5000000000...	86	
17	180,763	333,104	7.0000000000...	74	

图 5 - 1　meuse 河取样点的属性表

（一）Shapefile

ESRI 公司的 Shapefile 文件是当前最常见的非拓扑矢量数据结构，用来描述空间要素的空间特征和属性特征。一个 Shapefile 文件至少包含三个文件，分别是主文件（后缀名为 . shp）、索引文件（后缀名为 . shx）和数据库表文件（后缀名为 . dbf）。主文件存储坐标数据，索引文件存储用于加速绘图和分析的空间索引，每条记录包含对应主文件记录离主文件头的偏移量。表文件用来存储属性特征数据，还包含两个特殊字段，即要素识别码（FID）和几何形状（Shape）。要素的几何特征与属性特征间通过要素识别码连接。

（二）GeoPackage

QGIS 3 使用 GeoPackage 作为其默认地理数据格式。GeoPackage 是一种开源地理空间信息数据格式，具有跨平台、便携性、压缩性等特点，适宜信息传输。GeoPackage 建立在 SQLite 数据库的基础上，实际上是一个 SQLite 容器，GeoPackage 编码标准定义了容器中储存内容的规则和必备条件。SQLite 是一个 C 语言库，实现了小型、快速、高可靠性、全功能的 SQL 数据库引擎。SQLite 是应用最广的数据库引擎，具有稳定、跨平台和向后兼容的特点，在嵌入式设备中应用较多，也支持 Windows/Linux/Unix 等主流的操作系统。由于其轻量级和跨平台的特性，SQLite 数据库文件经常用于多系统间交换数据的容器，这也是 GeoPackage 的优势之一。因为 SQLite 单文件、轻量化的特点，所以 GeoPackage 特别适用于小规模的场景和移动场景。

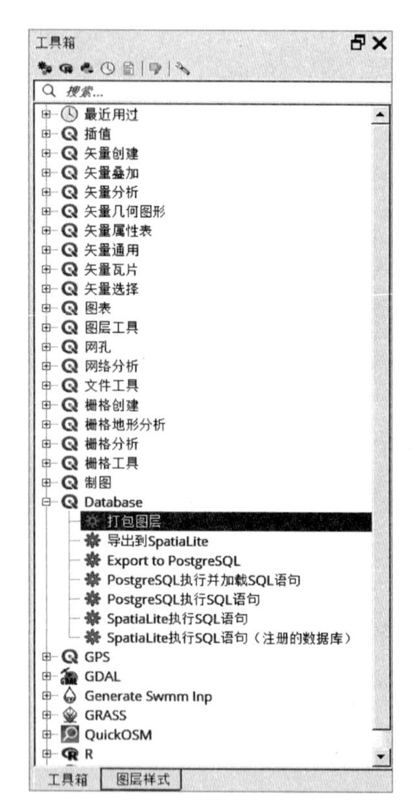

图 5-2 GeoPackage 打包工具

GeoPackage 拥有 .gpkg 拓展名，几乎没有文件大小的限制，像单个文件一样工作。它可以储存的数据类型包括矢量数据、栅格数据、属性数据和其他类型。与 Shapefile 格式相比，GeoPackage 的优势包括：①GeoPackage 将几何图形和属性数据存储在一起，有利于空间查询和分析；②GeoPackage 是单文件，比 Shapefile 文件好管理，Shapefile 文件至少要 3 个文件，要额外使用 prj 文件定义坐标系统；③GeoPackage 文件大小几乎没有限制，而每个 Shapefile 文件只支持最大 2GB；④GeoPackage 可以存储多种数据类型，而每个 Shapefile 文件只能是一种几何类型；⑤GeoPackage 比传统意义上的地理数据库轻量化，速度快，读取速度比 Shapefile 更快；⑥GeoPackage 开源、有标准支撑，开放地理空间信息联盟（Open Geospatial Consortium，OGC）维护。

Shapefile 可以转化为 GeoPackage，多个 Shapefile 也可以打包为一个 GeoPackage。

（1）如图 5-2 所示，在数据处理工具箱中，双击“Database | 打包图层”，打开打包图层对话框。

（2）在“打包图层”对话框中选择要打包的图层。在本例中，打包数据集 1 中的 3 个图层，如图 5-3 所示。

（3）在目标 GeoPackage 中，选择保存到文件，并选定保存位置，命名文件，如图 5-4 所示，即可将数据集 1 中的 3 个图层打包为 meuse.gpkg 文件。

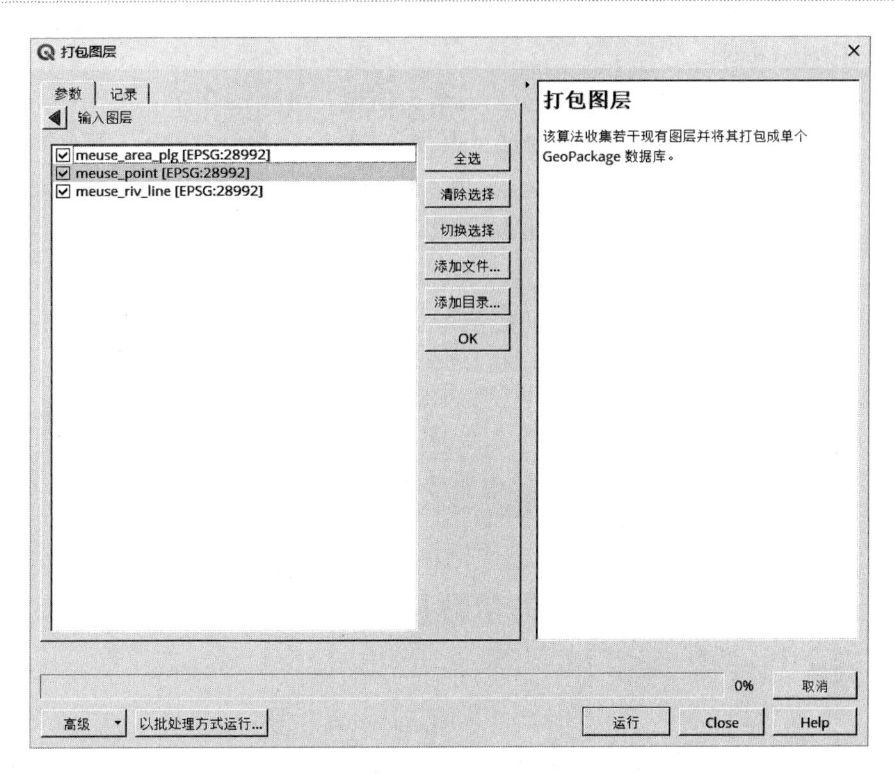

图 5 - 3　选择要打包的图层对话框

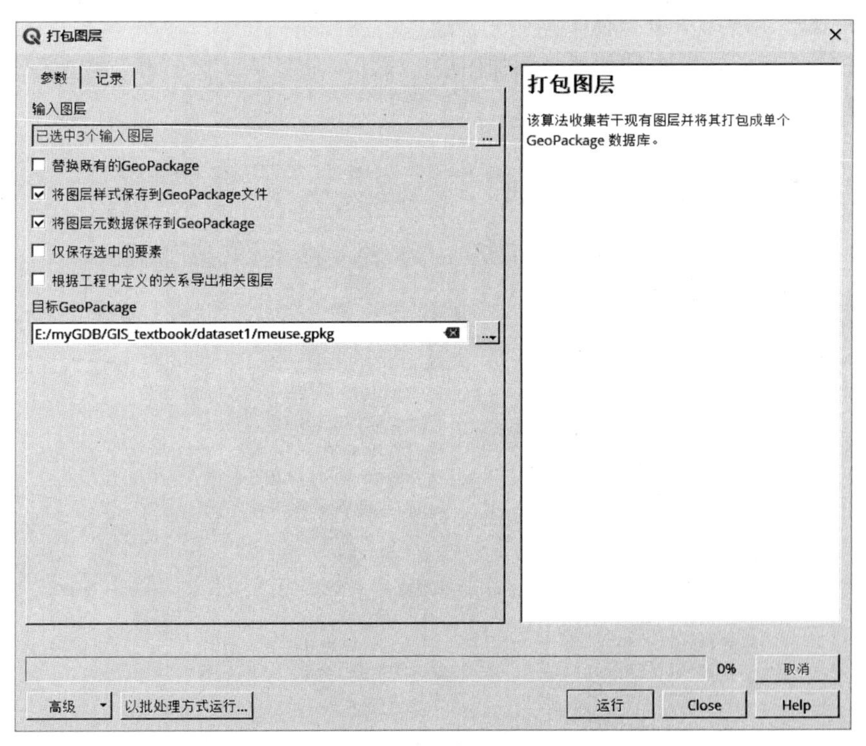

图 5 - 4　打包图层参数设置对话框

(三) Geodatabase

ESRI 公司的地理数据库是面向对象的数据模型，可以储存多个不同的对象，包括矢量数据（要素类）、拓扑结构数据（网络）、属性数据（表格）、栅格数据（图像）和其他对象，这点与 GeoPackage 相似。ESRI 公司定义了 3 种类型的地理数据库：①个人（Personal）地理数据库，用于个人或小型工作组，存储在单个 Microsoft Access 文件中，文件存储空间上限是 2GB，只适用于 Windows 操作系统；②文件（File）地理数据库，储存在系统文件夹中，每个文件最大可达 1TB，具有跨平台特性，能够多种操作系统中使用；③企业（SDE）地理数据库，利用大型商用关系型数据库管理系统来存储 GIS 数据，比如 Oracle 数据库或 SQL Server 数据库等，能够满足多用户并发访问的需要以及安全性方面的需求。对于个人用户而言，使用文件地理数据库较为常见。QGIS 可以直接访问和管理 Geodatabase，在浏览器面板中即可打开 Geodatabase。

第二节 矢量数据的基本操作

一、加载

常用的矢量数据主要以 ESRI shapefile 的格式保存，下面以该格式的矢量数据为例讲解数据的加载过程。新建工程后，会得到一个空白画布，有多种方式向画布添加数据。

(一) 使用添加图层对话框

如图 5-5 所示，单击“图层 | 添加图层 | 添加矢量图层...”，打开“数据源管理器 | 矢量”对话框。

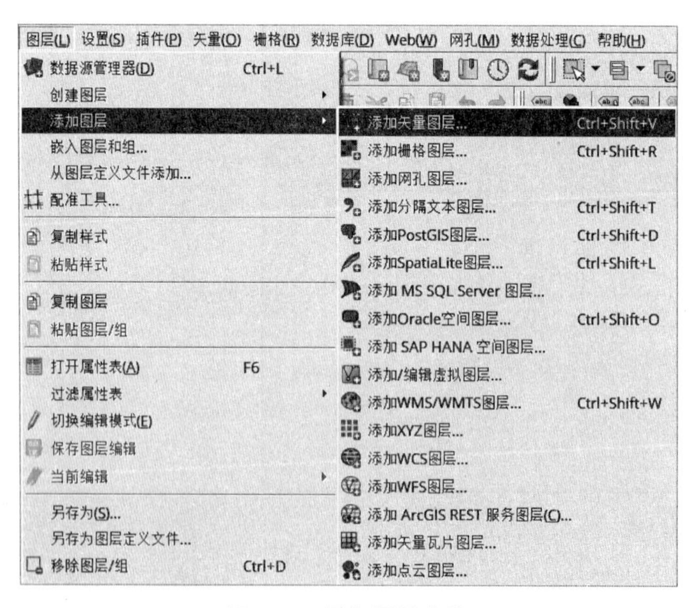

图 5-5 添加图层菜单

在“数据源管理器｜矢量”对话框中设置源类型、源和选项参数（图 5－6）。加载数据集 1 的取样区轮廓点数据 meuse _ area _ point. shp，源类型为文件。点击源中的文件选择按钮 ...，找到 meuse _ area _ point. shp 所在的位置。保留选项为默认值，Encoding 是指非拉丁字符的编码类型。设置完成后点击添加按钮，即可完成 meuse _ area _ point. shp 图层添加工作。

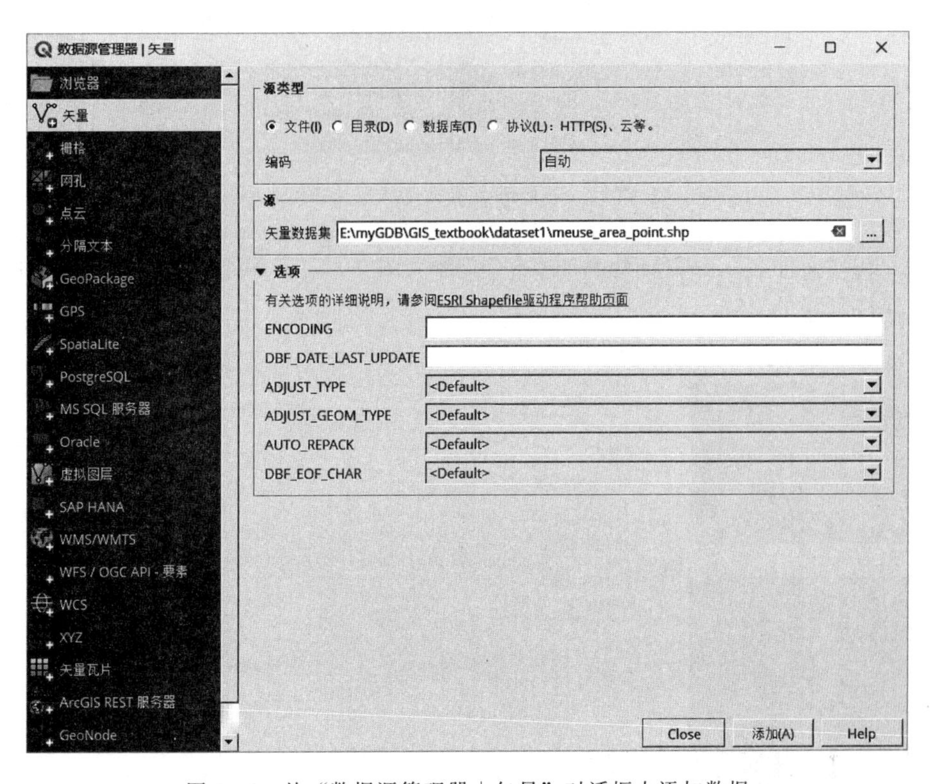

图 5－6　从“数据源管理器｜矢量”对话框中添加数据

（二）从浏览器面板添加矢量数据

如图 5－7 所示，打开数据浏览器面板，找到 meuse _ area _ point. shp 文件，将其拖拽到画布中即可完成矢量数据添加工作。按住 Ctrl 键，选取多个文件，同时拖拽多个文件即可一次添加多个矢量数据图层。

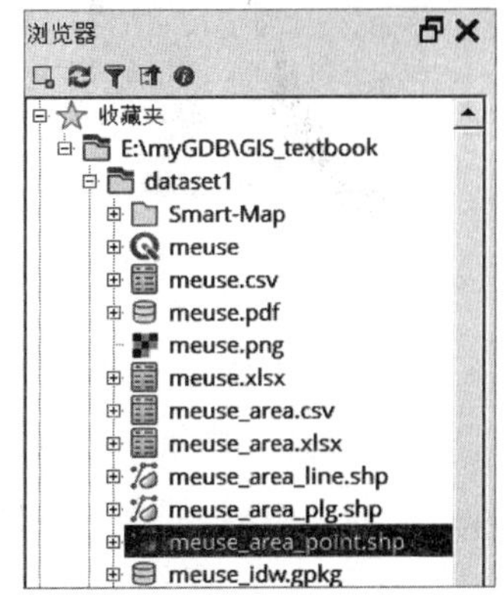

图 5－7　从“浏览器”面板添加数据

二、从 CSV 和 XLS 文件构建

CSV 是一种常用的数据交换格式，实际上是一种数据表，使用逗号分隔数值。通常在表格中包含用坐标对表示的空间位置信息。

（1）打开“从分隔文本创建图层”对话框。路径：“图层｜添加图层｜添加分隔文本图层...”，或者使用快捷键“Ctrl＋Shift＋T”，如图 5－8 所示。

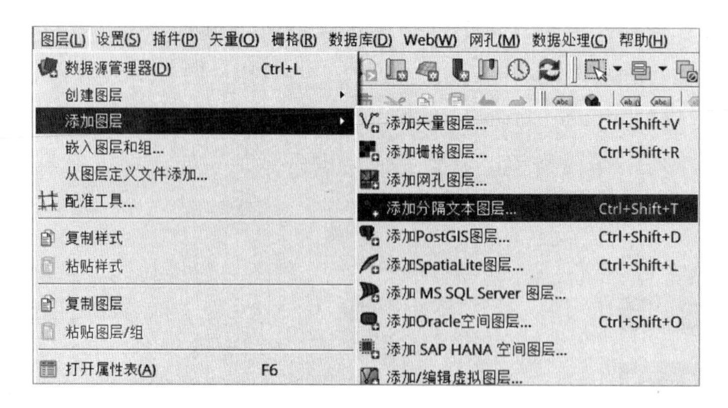

图 5-8　添加分隔文本图层菜单

（2）在“文件名”中浏览并添加 CSV 文件（图 5-9）。编码保持默认的 UTF-8，分隔符保持默认的 CSV。

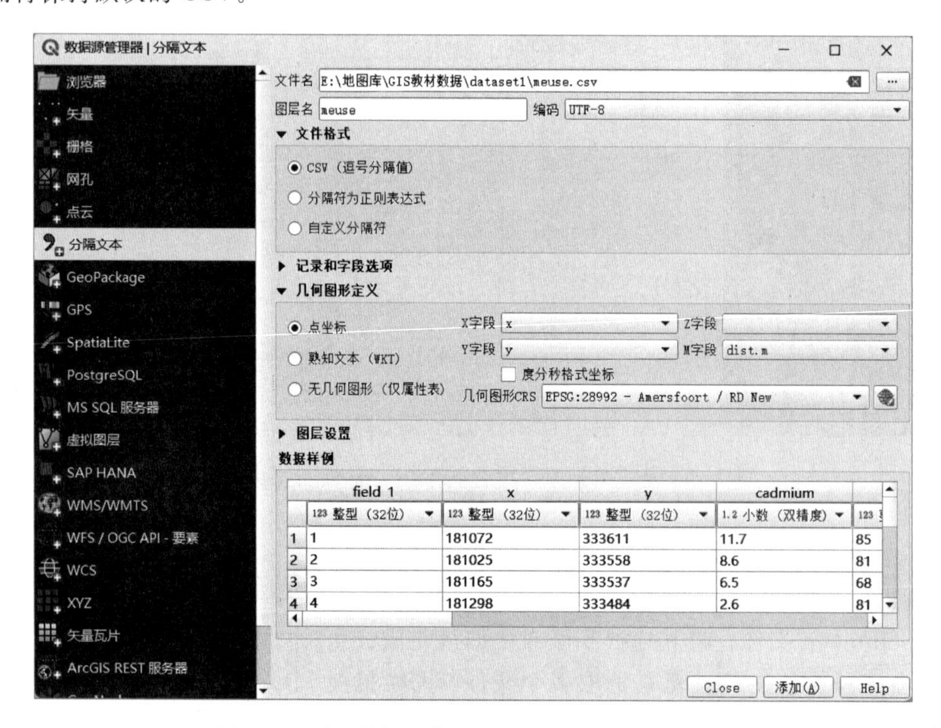

图 5-9　从“数据源管理器 | 分隔文本”添加数据

（3）指定 CRS。点击“几何图形定义”，在“几何图形 CRS 定义”行，点击右侧图标，打开“选择 CRS”对话框。该数据使用荷兰地形图标准坐标，CRS 可以使用 epsg：28992。在过滤器文本框中输入 EPSG 编号，在预定义坐标参照系中双击 Amersfoort/RD New 选择该 CRS。

（4）添加图层。指定了 CRS 以后，单击 OK 回到“从分隔文本创建图层”对话框，单击“添加”即可完成数据导入。添加之后可导出为 shapefile，要注意几何图形的类型不能错，比如点必须为点，不能指定为线。默认情况下 QGIS 会自动识别几何类型。

接下来用 Meuse 河岸线位置信息 excel 文件，演示从 excel 文件生成矢量图层的过程。

（1）在菜单栏点击插件，打开插件管理器，如图 5－10 所示，搜索并安装 Spreadsheet Layers 插件。安装插件后，添加图层列表中会出现 Add spreadsheet layer 选项。

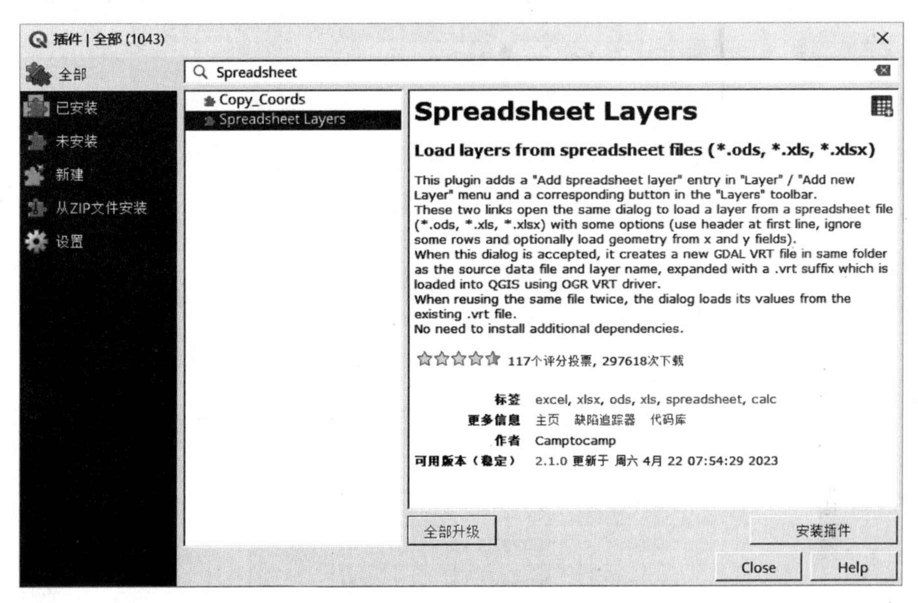

图 5－10 安装 Spreadsheet Layers 插件

（2）从菜单栏依次点选“图层｜添加图层｜Add spreadsheet layer”打开导入 spreadsheet 对话框，如图 5－11 所示。

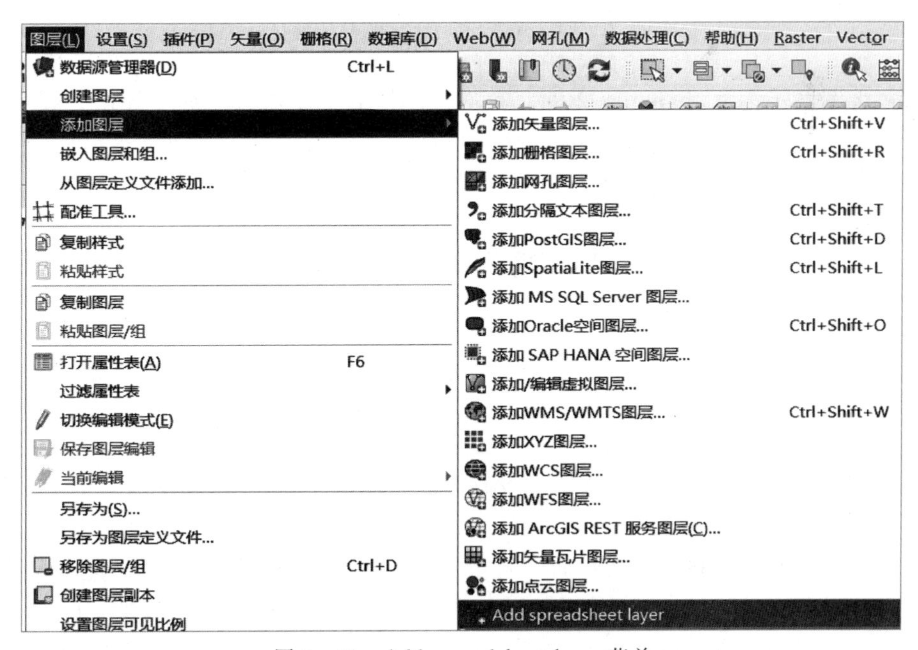

图 5－11 Add spreadsheet layer 菜单

（3）填写相关信息。确保勾选 Geometry（几何图形），设置正确的位置信息和参照系统。x 字段（Field）是横坐标（经度），y（Field）字段是纵坐标（纬度），参照系统是 EPSG：28992。点击 OK 即可在画布中显示这些点。如图 5-12 所示。

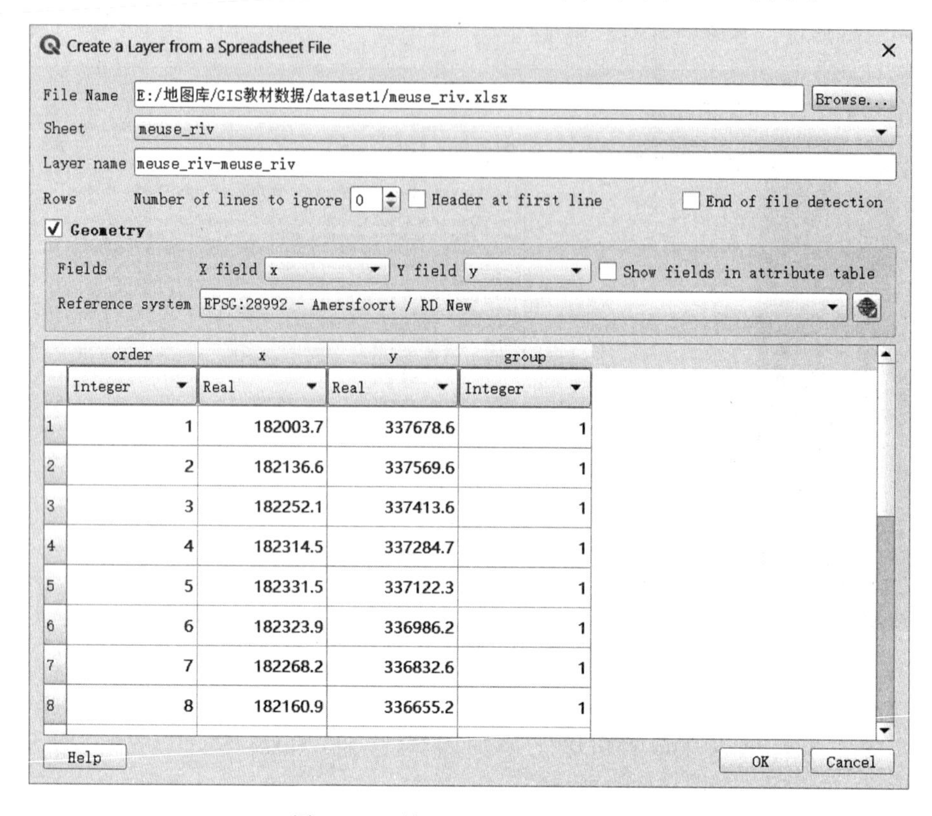

图 5-12 导入 spreadsheet 对话框

（4）将图层转化为 shapefile 文件。右击点图层名称，依次选择“导出｜要素另存为...”，如图 5-13 所示。

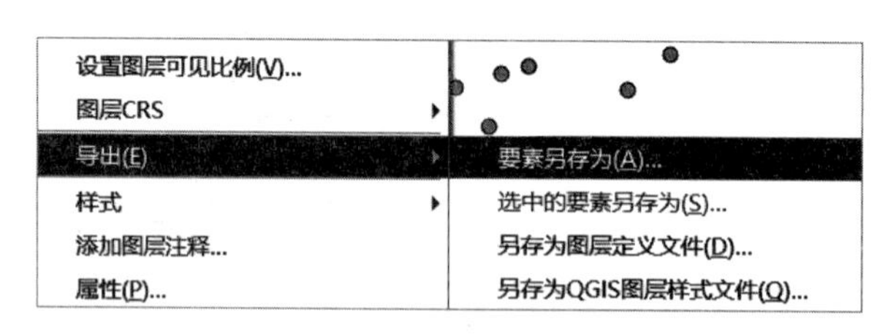

图 5-13 “导出要素”菜单

（5）如图 5-14 所示，将几何图形设置为点，点击“OK”完成转化。

三、由点创建线

在项目中经常需要在点、线和面之间相互转换，比如用一系列点绘制线，从多边形中提取节点并作为独立的点图层保存。点、线和面两两之间的转换是基于它们之间的联系。比如，线是由两个或更多个点相互连接形成的，面是由线首尾相连形成的，环是由

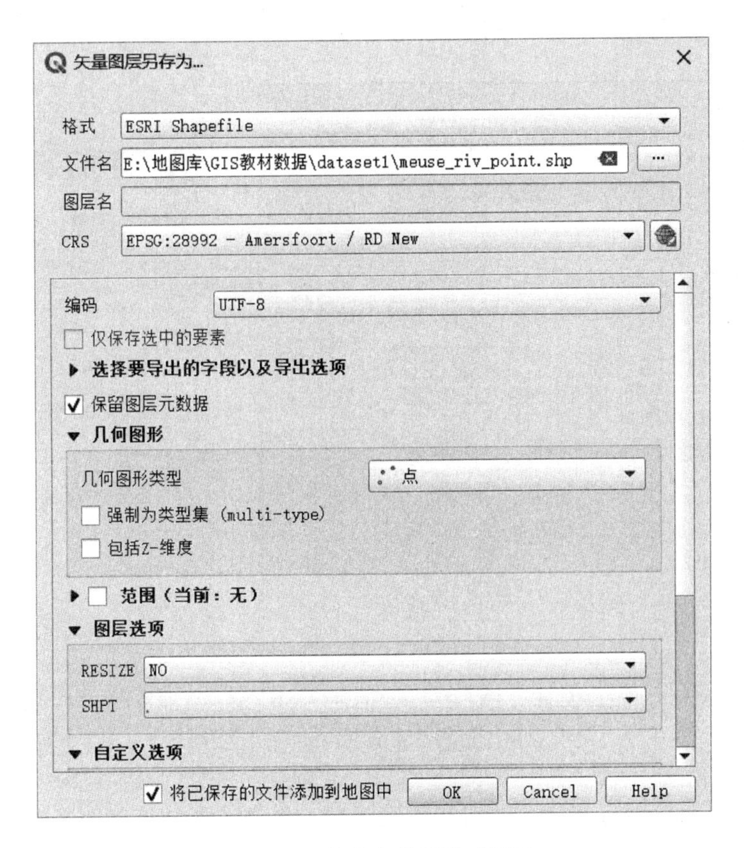

图 5 - 14　导出矢量图层对话框

两个面嵌套而成。

一般地，从复杂图形向简单图形转换比较简单，而相反方向的转换较难。线是由点连接而成，所以要拆散它们非常容易。但是从点构建线就需要知道点的次序，否则构造的线是杂乱无章的。所以由点构造线时需要在点图层的属性表中指明次序属性和分组属性，其中次序属性指明线的构建方向，分组属性用于识别有几条线。下面以 Meuse 河岸线点数据构建河岸线线数据。

（1）如图 5 - 15 所示，在工具箱中依次点击“矢量创建｜点转线-创建路径”，打开创建路径对话框。

（2）填写参数信息（图 5 - 16）。输入图层选择 meuse _ riv _ point ［EPSG：28992］点图层，排序表达式选择点图层中的 order 字段，路径分组表达式选择 group 字段，设置正确的保存位置和文件名称。

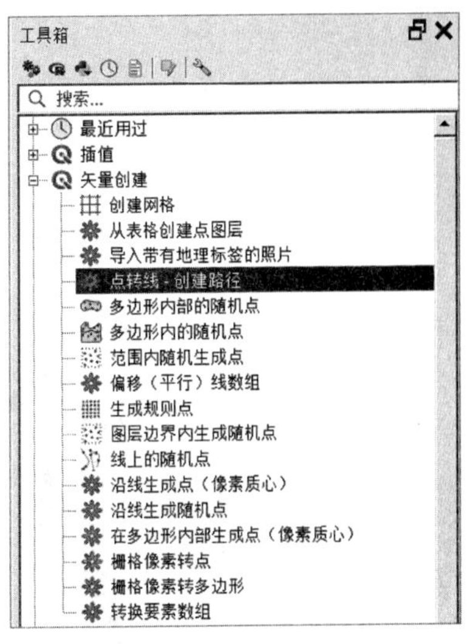

图 5 - 15　“点转线-创建路径”工具

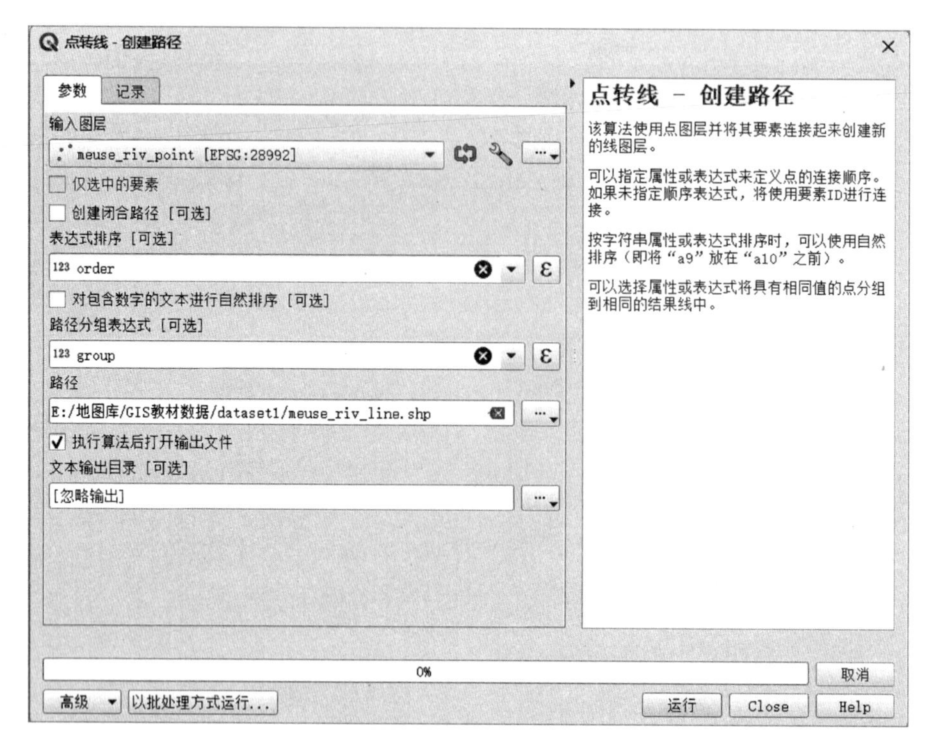

图 5 - 16　填写“点转线-创建路径”参数

（3）点击运行，即可转换。然后加载线图层，检查转换结果是否正确。转换结果如图 5 - 17 所示。

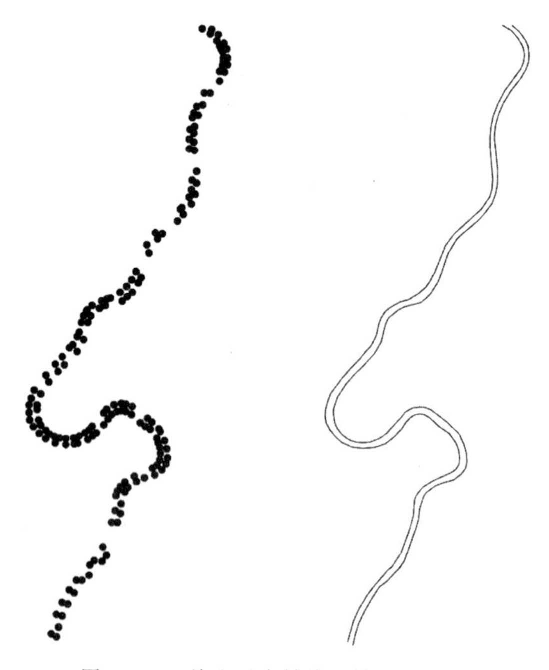

图 5 - 17　检查“点转线”转换结果

四、由线生成面

在数据集 1 中，meuse 河岸取样区适宜用面进行表达，现在已有取样区的轮廓线 meuse_area_line，来演示将取样区轮廓线转化为取样区面的步骤。

（1）在菜单栏找到“矢量｜几何图形工具｜线转多边形...”，如图 5-18 所示。

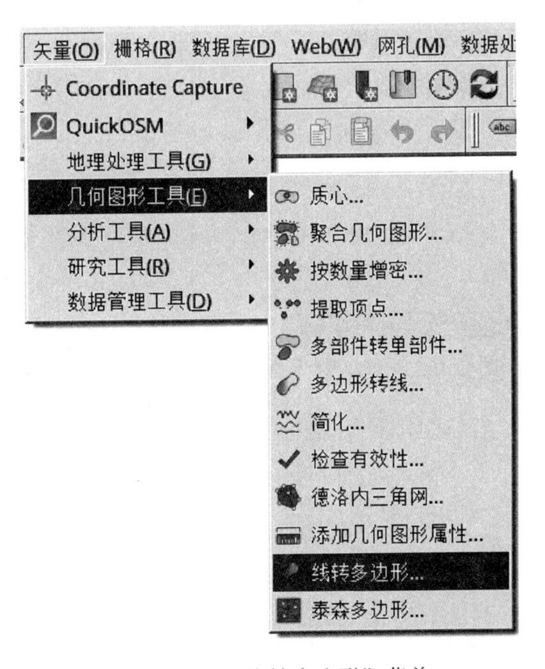

图 5-18　“线转多边形”菜单

（2）在“线转多边形”对话框中（图 5-19），输入图层设为“meuse_area_line”，输出多边形设为保存到文件，选择文件的保存位置，将文件命名为“meuse_area_plg. shp”。点击“运行”按钮，完成转化工作，点击“Close”关闭对话框。

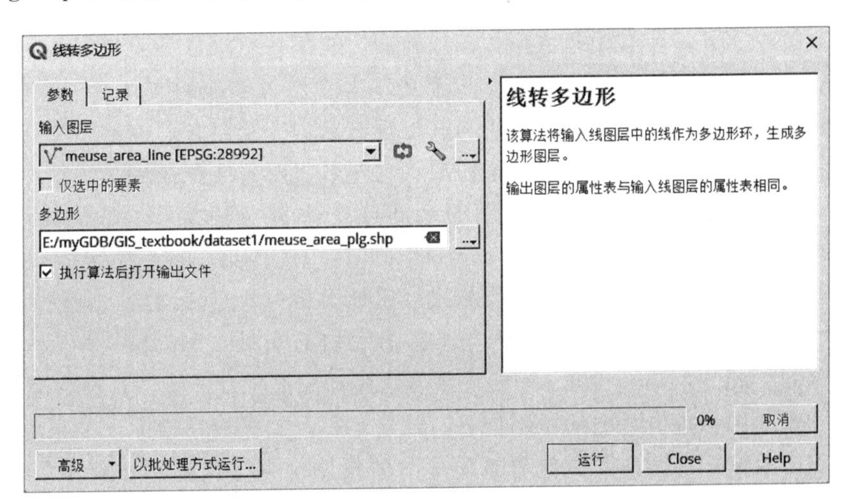

图 5-19　“线转多边形”对话框

第三节　栅格数据的基本操作

一、加载

栅格文件的常见格式为GeoTIFF，文件的后缀名为“.tif”。加载栅格文件的方法与前文所述矢量文件相似，以数据集1中河岸土壤锌含量空间分布特征图“meuse_point_kriging_clip.tif”为例简要讲解加载过程。下面两种方法任选其一即可。

（1）通过菜单栏中“图层｜添加图层｜添加栅格图层...”，来加载栅格文件，如图5-20所示。

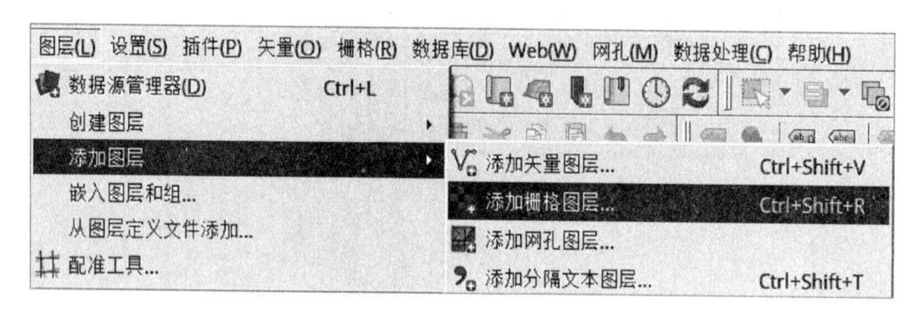

图5-20　“添加栅格图层”菜单

（2）在浏览器面板找到“meuse_point_kriging_clip.tif”，将其拖拽到画布中。

二、地理配准

地理配准一般是指为没有坐标系统的栅格数据设置坐标参照系统（CRS），主要原理是通过数据中的特征点与相对应的具有已知坐标的控制点匹配，实现整个数据的坐标配准。对于矢量数据而言，类似的操作叫做空间校正。地理配准不同于地理参照，但是有的时候二者交替使用。地理参照是指建立平面地图的图面坐标与已知实际坐标的关系，类似于建立投影坐标系。没有配准的栅格图像是没法使用的，不能进行空间分析。位置属性是GIS数据的典型属性，没有位置信息就不能成为GIS数据。

一般通过以下方法获取栅格数据：扫描地图、收集航空摄影和卫星影像。扫描的地图数据集通常不包含空间参考信息（嵌入于文件中或作为单独的文件）。航空摄影和卫星影像提供的位置信息不够充分，无法与其他现有数据完全对齐。因此，要将这些栅格数据集与其他空间数据结合使用，通常需要将这些数据对齐或配准到某个地图坐标系。

在地理配准时，需要将扫描图像中的地点与CRS建立连接。一般使用两种方法：①采集地点中的地面控制点（ground control points，GCPs），这些GCP在地图中特别容易辨识，比如桥梁和交叉路口等；②如果纸质地图中包含经纬网格，则使用这些网格作为参照。下面使用Mount Marcy纸质地形图的扫描文件“Mount_Marcy_New_York_USGS_topo_map_1979.JPG”来演示地理配准过程。该图片在数据集2中。

（1）加载地图，查看地图的投影信息。新建工程，加载栅格地图，如果提示坐标系统转换，点击取消，因为需要先查看纸质地图的投影信息。从地图注释中（图5-21）可以看出，该地图是美国纽约的一个区域，投影为UTM 18，因为美国位于北半球，所以应为UTM 18N；测控网为北美1927（NAD27）。

（2）查找坐标参照系统的 EPSG 编号。打开网页 https://epsg.io/，输入地图的投影信息：NAD27 UTM 18N，查得地图坐标参照系统 EPSG：26718。

（3）打开地理配准工具，加载图像。如图 5－22 所示，从菜单栏中找到“图层｜配准工具...”，打开“配准工具”对话框（图 5－23）。在配准工具对话框中，点击打开栅格按钮，在文件选择器中找到地图图像“Mount _ Marcy _ New _ York _ USGS _ topo _ map _ 1979.JPG”，加载该图像。如图提示设置坐标系统，则将 CRS 设置为 EPSG 26718。

Produced by the United States Geological Survey
Control by USGS and NOS/NOAA
Compiled by photogrammetric methods from aerial photographs taken 1976. Field checked 1976
Map edited 1979
Projection and 1000-meter grid, zone 18: Universal Transverse Mercator
10,000-foot grid ticks based on New York coordinate system, east zone. 1927 North American datum
To place on the predicted North American datum 1983 move the projection lines 2 meters south and 32 meters west as shown by dashed corner ticks
There may be private inholdings within the boundary of the State reservation shown on this map
This area also covered by 1:25 000-scale orthophotoquad

图 5－21　Mount Marcy 地图投影信息

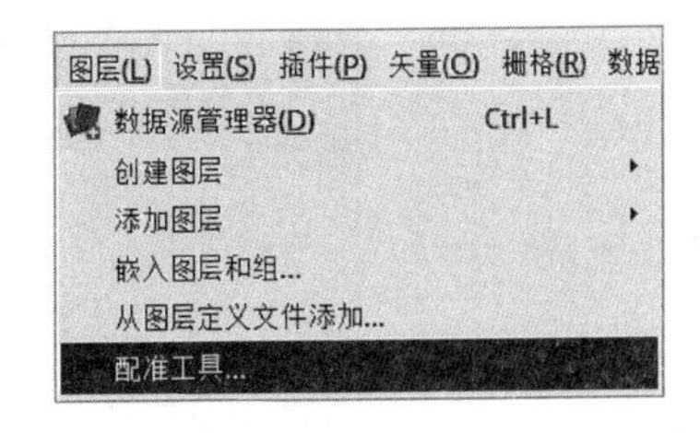

图 5－22　地理配准工具菜单

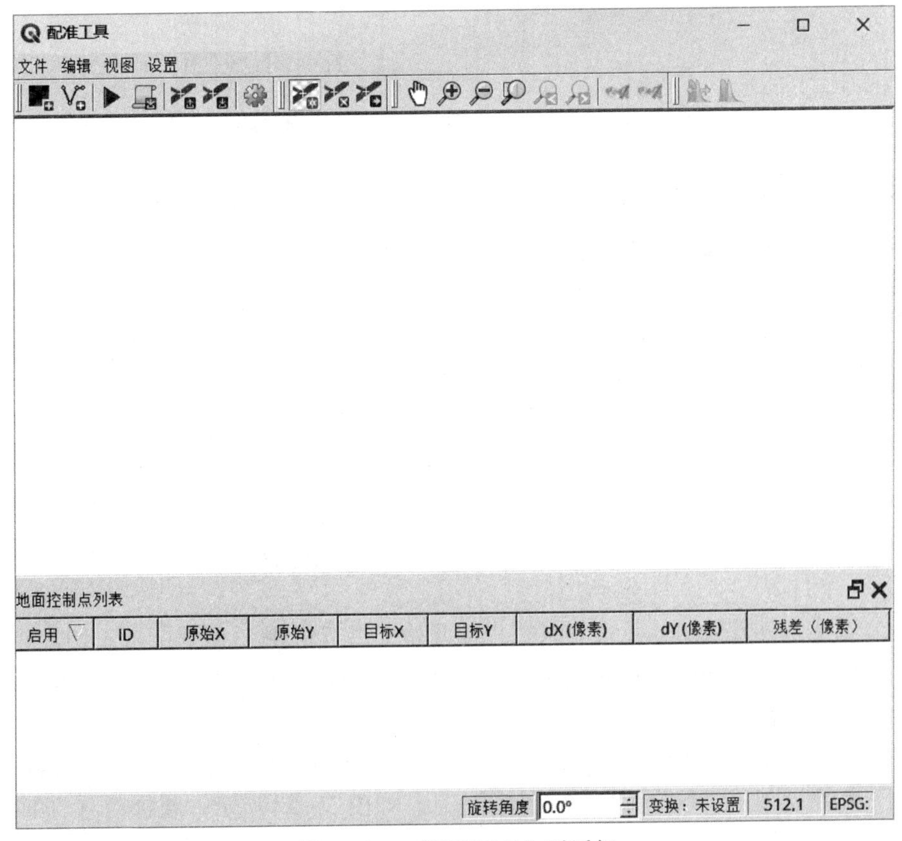

图 5－23　“配准工具”对话框

（4）修改变换设置。在配准工具对话框工具栏中，点击变换设置按钮，打开“变换设置”对话框。如图 5-24 所示，将变换类型设为“线性”，目标 CRS 设为“EPSG26718-NAD 27/UTM zone 18N”，输出文件名称的末端会自动添加“已修改”字样，重采样方法设置为“最邻近”。点击“OK”按钮，完成变换设置。

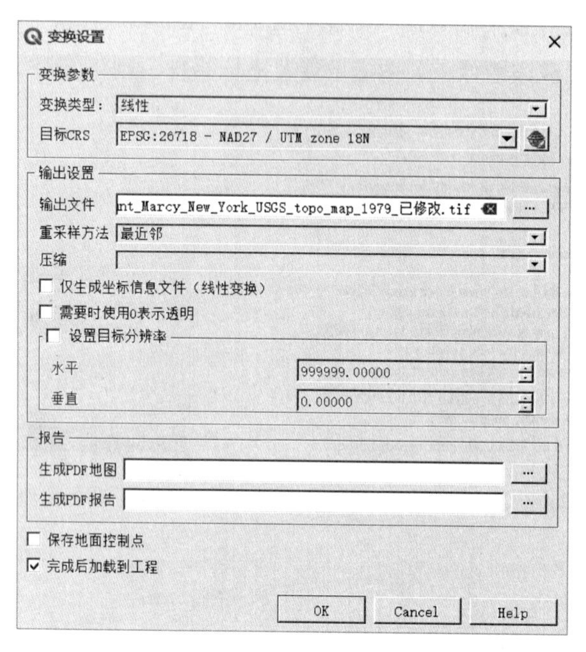

图 5-24　地理配准的“变换设置”对话框

（5）添加控制点。在配准工具对话框中，点击添加控制点按钮，此时鼠标变为十字线。在地图的左上角找到 58100E 和 4885000N 网格线的交汇点，单击鼠标，将第一个控制点放在该点。在弹出的“输入地图坐标”对话框中，输入横坐标为 58100，纵坐标为 4885000（如图 5-25）。重复上述步骤，分别在地图左下角、右上角和右下角再添加 3 个控制点，添加完成后，地面控制点列表中有四个控制点，如图 5-26 所示。

（6）移动地面控制点位置，将平均误差降至 1 左右。在配准工具对话框的工具栏中单击移动地面控制点按钮，在地图中单击鼠标选中原来添加的地面控制点，按照红线指示的方向移动地面控制点。此时，配准工具对话框状态栏的平均误差值和地面控制点列表的残差（像素）值会发生变化。多次移动调节地面控制点，使平均误差降至 1 左右。

（7）完成上述设置后，点击工具栏中的开始配准按钮，完成配准工作。

（8）检查已配准地图。在 QGIS 主程序中加载已配准地图，使用坐标拾取插件或背景地图检查地图的配置信息。

1）方法一：安装插件 Coordinate Capture，打开该插件后，点击 Start Capture 按钮，用鼠标在地图上拾取坐标网格的坐标信息，如图 5-27 所示，将该信息与纸质地图的坐标相对比。

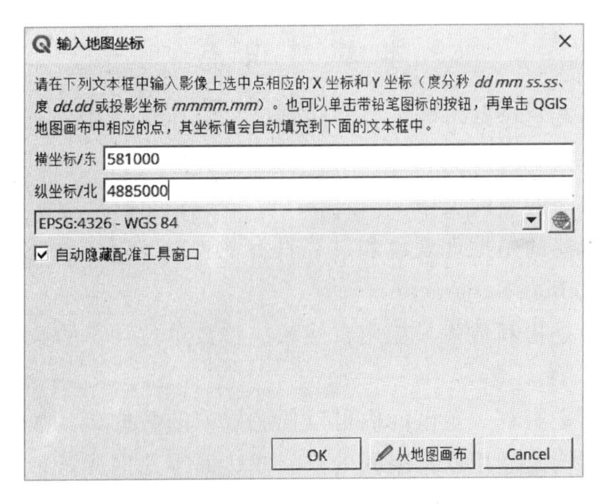

图 5-25 地理配准的“输入地图坐标”对话框

地面控制点列表

启用	ID	原始X	原始Y	目标X	目标Y	dX (像素)	dY (像素)	残差（像素）
☑	0	338.504136	-365.476697	581000.00	4885000.00	0.127576	0.888034	0.897151
☑	1	3882.4094	-166.696289	599000.00	4886000.00	-0.172099	-0.820580	0.838433
☑	2	338.759314	-2772.8863	581000.00	4873000.00	-0.127602	-0.653330	0.665675
☑	3	3882.0652	-2771.6471	599000.00	4873000.00	0.172125	0.585877	0.610638

旋转角度 0.0° 变换：线性 平移 (579280, 4.88683e+06) 比例 (5.07957, 4.9878) 旋转角度：0 平均误差：1.07793 2649,-1575

图 5-26 Mount Marcy“地面控制点列表”

2）方法二：打开必应（Bing）背景地图，在图层面板中将背景地图放在最下面。设置已配准地图的“图层样式”，如图 5-28 所示，在“图层渲染”栏中将混合模式设置为“乘（正片叠底）”。设置完成后，已配准地图与背景地图融合在一起。在已融合的图层中，可以看出湖泊与背景地图基本重叠，说明地理配准精度满足要求。

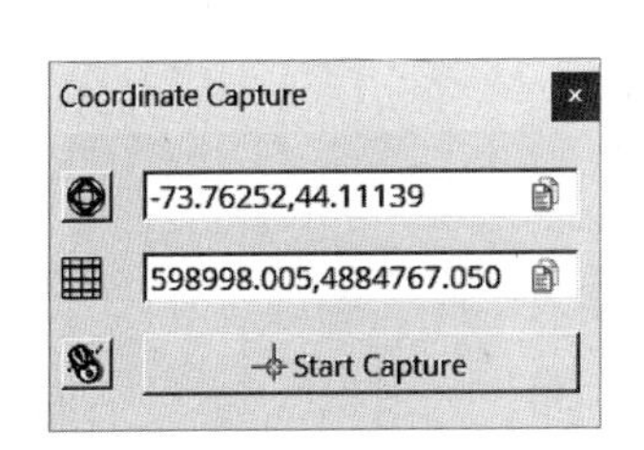

图 5-27 “Coordinate Capture”拾取地图坐标

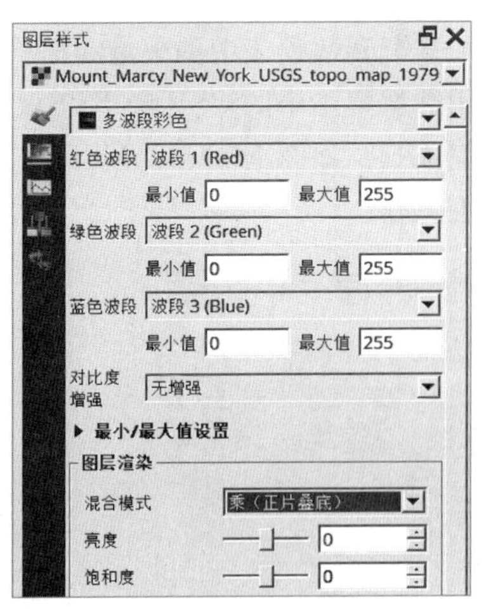

图 5-28 设置已配准地图的图层渲染方法

本章知识点

（1）空间数据具有三个基本特征：空间特征、属性特征和时间特征。

（2）空间特征是指地理现象和过程所在的位置、形状和大小等几何特征，以及与相邻地理现象和过程之间的空间关系。

（3）属性特征描述的是地理现象和过程具有的专属性质，如名称、数量、质量等，也称为主题特征（thematic characteristics）。

（4）离散型数据是指其数值只能用自然数或整数单位计算的数据，所表示的空间要素具有明确的边界。

（5）连续型数据是指在一定区间内可以任意取值的数据，其数值是连续不断的。

（6）矢量数据结构是利用欧氏空间的点、线、面等几何元素来表达空间要素的几何特征及其空间分布的一种数据组织形式。

（7）栅格数据结构是指将空间分割成有规则的网格，在各个网格上给出相应的属性值来表示空间实体的一种数据组织形式。

（8）空间分幅是指将整个地理空间划分为多个子空间，再选择要描述的子空间。

（9）属性分层是指将要描述的GIS数据抽象成不同类型属性的数据层，根据制图目的将图层叠加构成想要的地图。

（10）数据格式（data format）是数据保存在计算机文件中的编排格式。

（11）矢量数据常见的数据格式有：ESRI公司的Shapefile、Geodatabase和QGIS采用的GeoPackage。

（12）栅格数据常见的数据格式有GeoTIFF，它是当前最流行的栅格数据格式。

（13）地理配准一般是指为没有坐标系统的栅格数据设置坐标参照系统。

（14）地理参照是指建立平面地图的图面坐标与已知实际坐标的关系。

项目实践

（1）加载配套数据集中的矢量和栅格数据、属性项目内容。

（2）用数据集1中的CSV和XLS文件构建图层。

（3）完成扫描地图Mount_Marcy_New_York_USGS_topo_map_1979.JPG的地理配准工作。

第六章

河岸重金属污染调查

第一节　引　　言

地形的变化可以用数字高程模型（DEM）进行描述，高程（z 值）储存在连续的规则网格中，构建连续的规则网格是建立 DEM 的关键步骤。但是，现实世界中有些现象无法或难以构建规则网格。比如，要研究河岸附近区域表层土壤重金属含量的变化时，受河流附近地形地貌的影响难以划分规则网格；再如，要研究某个地区降雨量的空间分布特征时，受气象站位置的限制，无法构建规则网格。解决这类问题要借助空间插值的方法，即通过有限的已知样点的值推测样点附近未知地点的值。空间插值的目的就是用有限的稀疏点的观测值构建连续的表面，用来描述属性值（z 值）的空间变异。

本章通过研究默兹（meuse）河河岸冲积土壤中重金属锌含量的空间变化，讲解空间插值的基本理论以及如何用 QGIS 完成空间插值过程，最终构建描述锌含量空间分布特征的栅格地图。所要回答的问题是：河流冲积平原表层土壤中重金属的含量是否随距离河道的远近而变化，变化趋势是什么？

第二节　空间插值的基础概念

一、空间插值的基本要素

空间插值是指利用已知点的 z 值去估计其他点的 z 值的过程。空间插值需要两个基本的输入变量：已知 z 值的点和插值方法。在 meuse 河例子中，已知点就是采集土壤样品的地点。若要研究锌含量的变化，则 z 值就是土壤锌含量。空间插值的结果受插值方法的影响，因此插值方法也是一个重要输入变量。

（一）取样点

取样点也称为已知点、观测值和控制点，它们为构建插值函数提供数据。插值的理论基础是对空间相关性的认知。空间相关性即对于地理上连续分布的现象、邻近点之间的关联性强，较远的点之间相关性弱或者无关。依据空间相关性构建插值函数，利用已知点的数据求解插值函数的待定系数，最终建立一个合理的数学模型，就可以为规则网

格中 z 值（比如锌含量）未知的点提供估计值。因此，取样点的数量和分布对空间插值的精度具有极其重要的影响。

要提高插值的精度，取样点应该在研究区域内分布较好。但是，理想分布的样点在现实中是不存在的。比如 meuse 数据明显存在数据贫乏区域（图 6－1），点越密集说明数据越丰富，越稀疏说明数据越少。

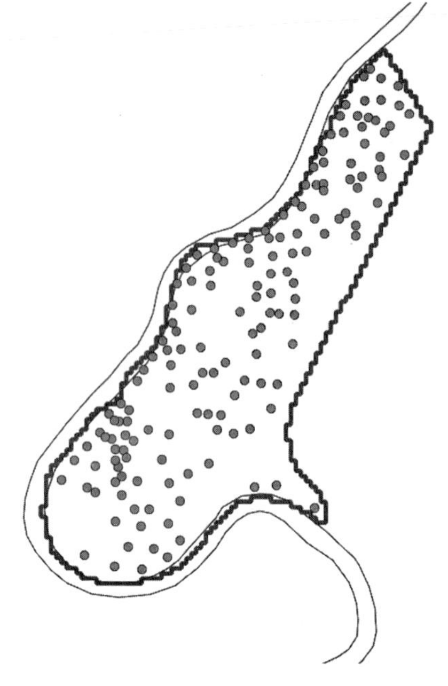

图 6－1 meuse 数据的数据贫乏区域

数据贫乏区会给插值过程带来一些问题。在调查过程中，如何选择取样点是一个重要的问题。要研究地形的变化，取样点应落在地形特征点上。

（二）插值方法

空间插值方法可以分为多个类别。依据构建插值函数选用取样点的个数，可以分为整体插值法和局部插值法。依据模型中是否包含对插值误差的评估，可以分为确定性插值法和随机性插值法。

整体插值法是指使用全部的已知点去估计未知点，包含趋势面模型和回归模型。

线性或一阶趋势面模型使用如下：

$$z_{xy}=b_0+b_1x+b_2y \tag{6-1}$$

式中 z——坐标 x 和 y 的函数；

b——回归系数，使用最小二乘法从已知点计算。

现实中，多种自然现象的复杂程度无法用一阶趋势面模型描述，因此经常会用到一些高阶趋势面，这会增加计算的复杂性和模型的不稳定性。

多元回归模型建立了一个因变量与多个自变量之间的联系，多用在属性数据之间。如果模型中包含空间变量，如到河流的距离或者特定地点的高程等，该模型就是空间插值回归模型。

趋势面法可以看成是多元回归法的简化形式，二者都可以估计观测值与估计值之间的误差，因此都属于随机性插值法。

由于空间现象变化的复杂性，使用整体内插法的插值精度较低，若采用高阶多项式，又会出现函数的不稳定性。因此，整体内插法一般应用较少。

局部插值法是指用一个已知点的样本去估计未知值，这个样本只包含部分已知点而非全部。反比距离加权法（Inverse distance weighted，IDW）和克里金法（Kriging）都属于局部插值法，IDW 属于确定性的局部插值法，Kriging 属于随机性局部插值法。

二、常用的插值方法

IDW 法和 Kriging 法是最常用的插值方法，下面重点讲解这两种方法的原理和实现过程。

（一）IDW 法

IDW 属于局部插值法，使用一个样本估计未知点，因此如何选取样本、确定样本容量是首先需要考虑的问题（图 6-2）。IDW 法是滑动平均法的特殊形式，在计算未知点时，样点被赋予一定的权重，且样点的权重随距离的增加而减少。IDW 法的不足之处是如果样点的分布不均衡，那么插值结果的质量可能会降低。同时，插值表面的最大值和最小值只能出现在样点中。

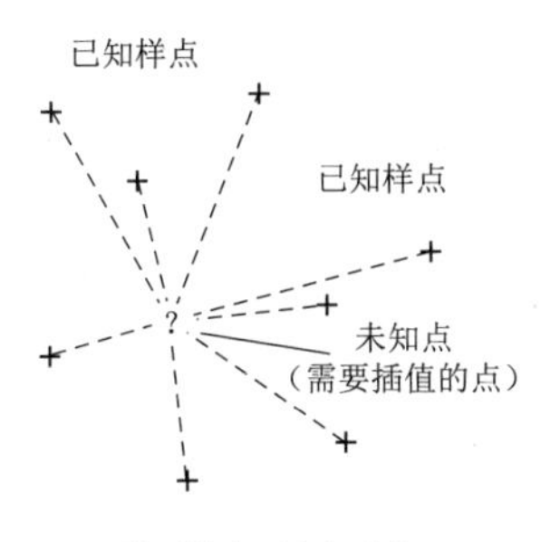

（a）基于样点距离权重的IDW

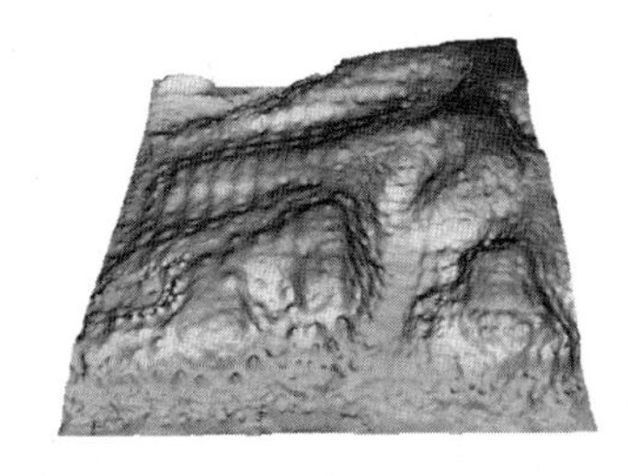

（b）由矢量高程点得到的IDW插值表面

图 6-2　反比距离加权法（IDW）原理图

（二）Kriging 法

Kriging 提供的是最优线性无偏估计，该方法由法国地理数学家 G. Matheron 和南非矿山工程师 D. G. Krige 提出。Krige 首先将这一技术用于精确地探测金属矿物储量。通过几十年的发展，Kriging 法已经成为地统计学的基础工具。

Kriging 法基于这样一个假设，即被插值的某个要素可以当成一个区域化变量。所谓区域化变量就是介于完全随机变量和完全确定变量之间的一种变量，它随所在区域位置的变化而连续的变化。因此，距离较近的点有某种程度上的空间相关性，而距离较远的点则相关性较小，如果距离更远则可能没有相关性。这种相关性是用半方差图（Variogram）描述的（图 6-3）。在较小的距离上，两点的 z 值差异较小，而当距离增加到一定程度时，样点间 z 值的差异变得随机而没有规律。

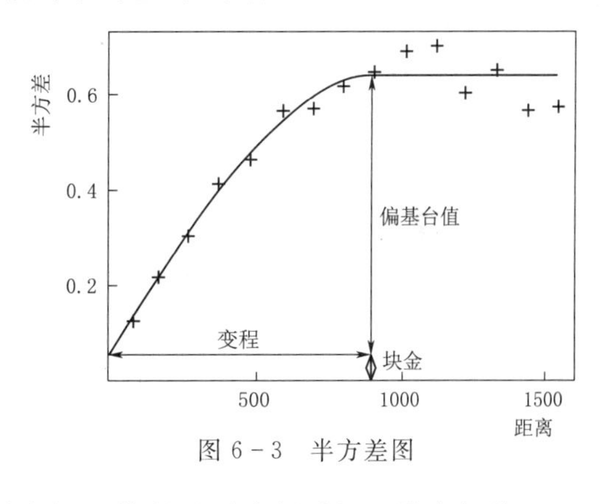

图 6-3　半方差图

Kriging 法一般分为 3 种，即普通（ordinary）Kriging、简单（simple）Kriging 和通用（universal）Kriging。它们的区别在于如何描述数据间的变化趋势，如果不使用函数描述数据间的变化趋势，则为普通 Kriging；如果使用函数描述数据间的变化趋势，则为通用 Kriging；如果使用一条固定的直线拟合数据间的变化趋势，则为简单 Kriging。

IDW 法和 Kriging 法的区别：如果 Kriging 法使用的半方差图没有块金或块金的值很小，则 IDW 法与 Kriging 法的插值结果相似。与 Kriging 法不同，IDW 法仅仅考虑样点距离的权重，而没有考虑样点的空间分布，因此当样点呈簇状分布时，插值结果往往较差。另一个区别在于，IDW 法的权重在 0～1 之间，因此插值结果不会超出样点值的范围。

第三节 具体实现过程

通过前面章节的操作，已经获得了以下数据：取样点矢量数据 meuse _ point、取样区域轮廓矢量数据 meuse _ area _ plg 和河流轮廓线矢量数据 meuse _ riv _ line。接下来将利用这些数据，首先生成插值曲面的栅格地图，再使用取样区域轮廓对栅格地图进行裁剪，最后结合河流轮廓线生成河流两岸土壤锌含量空间分布地图。插值的方法包括 IDW 法和 Kriging 法。

一、IDW 法

（一）加载数据并添加背景地图

新建工程，打开数据浏览器，从中找到 meuse _ point. shp、meuse _ area _ plg. shp 和 meuse _ riv _ line. shp 共 3 个文件，将其拖入画布中。打开 QuickMapServices 插件，依次找到“Bing | Bing Map”，单击 Bing Map 即可添加研究区域的背景地图。

（二）IDW 插值

（1）打开“反距离加权法插值”对话框。如图 6 - 4 所示，在数据处理工具箱中，找到“插值 | 反距离加权法插值”，双击打开“反距离加权法插值”对话框。

（2）设置分析参数。输入图层的矢量图层选择“meuse _ point”，插值属性选择“zinc”。然后，点击输入图层表格右上部的加号，将“meuse _ point”和“zinc”输入表格中。保持距离系数 P 为 2 不变，P 指计算点的欧氏距离时使用的幂。接下来设置插值地理范围。如图 6 - 5 所示，点击范围文本框右侧的“选择地理范围”下拉箭头，点击“从图层计算 | meuse _ area _ plg”。将输出栅格大小栏中横坐标像素大小和纵坐标像素大小均设为 1 米，像素大小的值越小则图像越精细，但是耗费的运算时间越长。最后，在插值栏中设置保存到文件，选择保存位置，并将文件命名为“meuse _ point _ idw. tif”。设置完成后，“反距离加权法插值”对话框，如图 6 - 6 所示。

（3）单击运行，完成 IDW 插值工作。

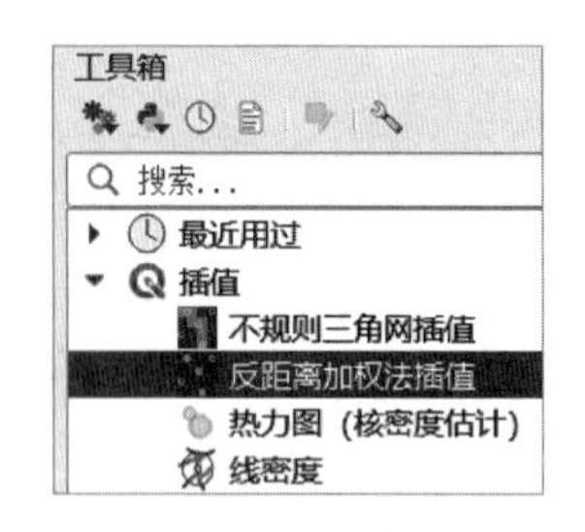

图 6 - 4 “反距离加权法插值”工具

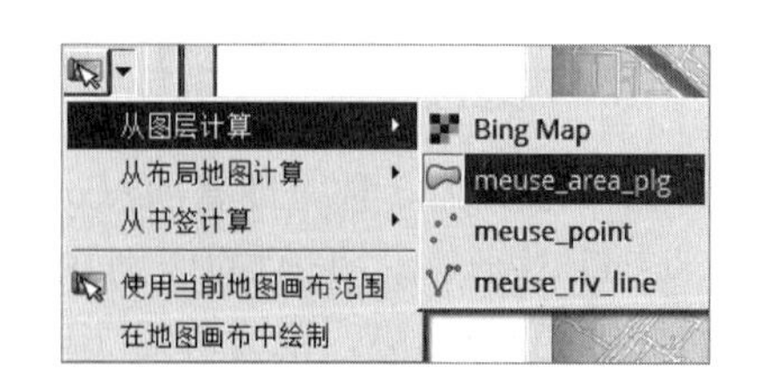

图 6 - 5 设置插值地理范围

（三）裁剪

插值范围是根据“meuse _ area _ plg 图层”计算出的矩形范围，该地理区域大于

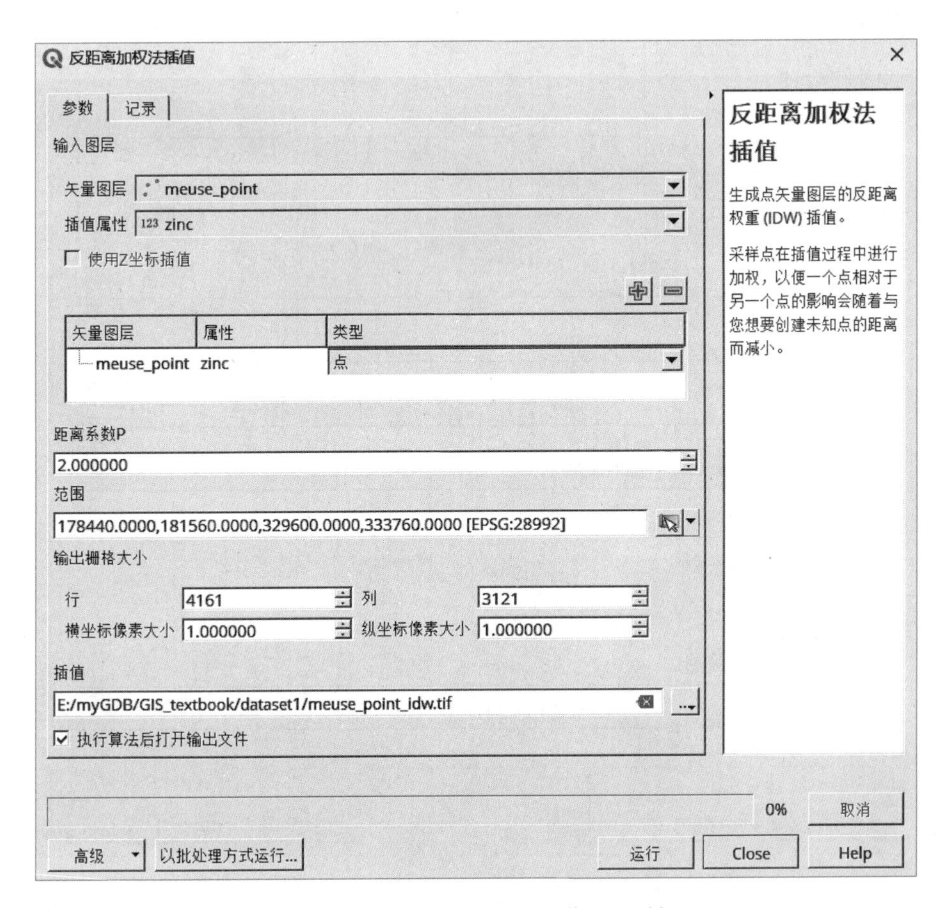

图 6－6　“反距离加权法插值”对话框

实际研究区域，使用取样区域轮廓对插值栅格进裁剪。

（1）如图 6－7 所示，在主菜单中单击“栅格｜提取｜按掩膜图层裁剪栅格...”，打开“按掩膜图层裁剪栅格”对话框。

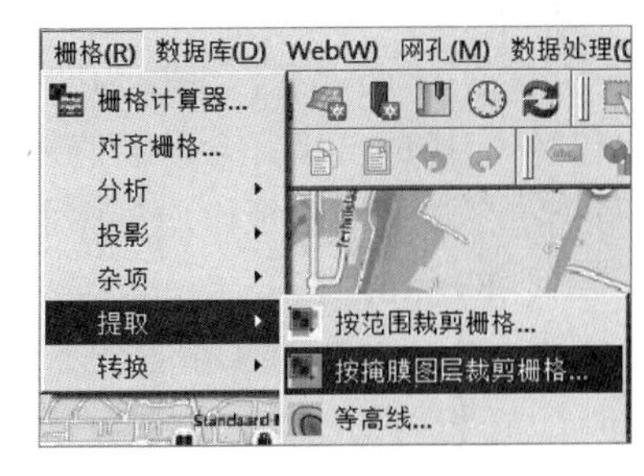

图 6－7　“按掩膜图层裁剪栅格”菜单

（2）在“按掩膜图层裁剪栅格”对话框中，输入图层选为“meuse _ point _ idw”，掩膜图层选为“meuse _ area _ plg”，保持其他参数不变。在已裁剪（掩膜）栏，选择保存到文件，选定保存位置，将输出文件命名为“meuse _ point _ idw _ clip. tif”。设置完成后，“按掩膜图层裁剪栅格”对话框，如图 6－8 所示。

（3）单击运行，完成裁剪工作。在图层栏中，移除“meuse _ point _ idw”图层，已经不需要该图层。

（四）可视化栅格

插值栅格是连续型数值，需要为其设置适宜的图层样式，使其能够形象地展示出数

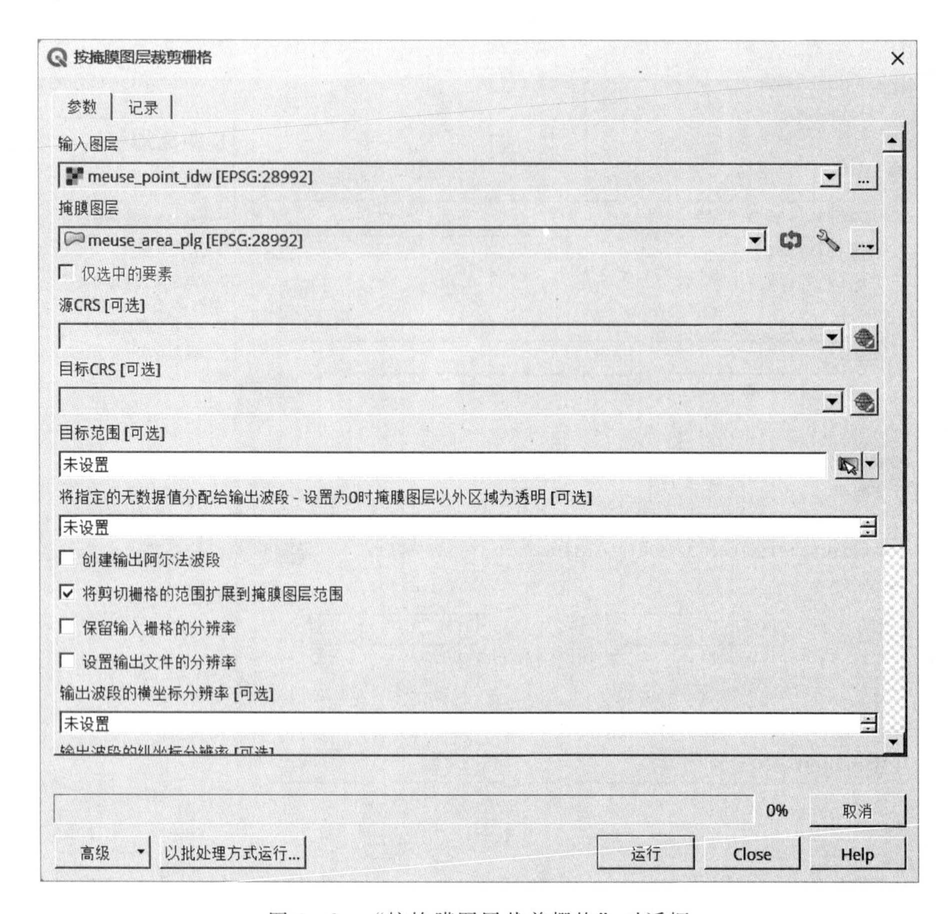

图 6－8　“按掩膜图层裁剪栅格”对话框

据规律。点击“图层面板”中的“图层样式”面板按钮，打开“图层样式”面板。如图 6－9 所示，选择编辑图层为“meuse _ point _ idw _ clip”，将图层样式设置为“单波段伪彩色”，将颜色渐变设为“Reds”。此时，颜色越浅则土壤中锌含量越小。

制作完成的土壤锌含量插值地图如图 6－10 所示。从图中可以看出，土壤锌含量的空间分布存在一定的规律，整体上距离河道越近土壤锌含量越高。

二、Kriging 法

软件包 gstat 提供了丰富的 Kriging 插值算法，在 R 软件的 gstat 程序包提供了与软件包 gstat 相同的功能。使用数据处理框架，QGIS 可以运行 R 脚本，下面介绍 R 软件的安装，并配置 R 软件的运行环境，从 QGIS 数据处理工具箱中运行 R 脚本，完成 Kriging 插值。

（一）安装 R 软件

（1）打开网页 CRAN 网页，如图 6－11 所示。

（2）点击 Download R for Windows，进入 R for Windows 页面，如图 6－12 所示。

（3）点击 install R for the first time，进入 R for Windows 最新版本下载页，如图 6－13 所示。

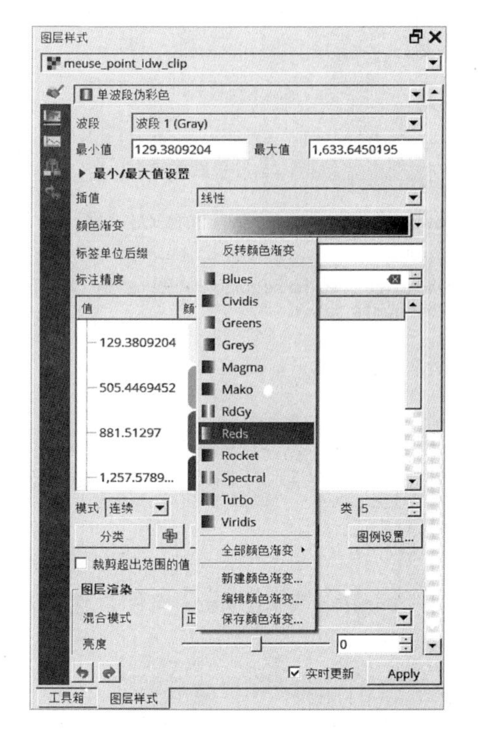

图 6－9　meuse idw 插值图像的“图层样式”面板

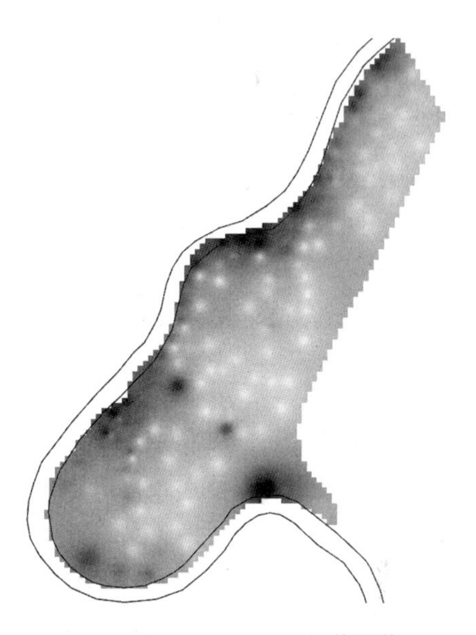

图 6－10　meuse idw 插值图像

The Comprehensive R Archive Network

Download and Install R

Precompiled binary distributions of the base system and contributed packages, **Windows and Mac** users most likely want one of these versions of R:

- Download R for Linux (Debian, Fedora/Redhat, Ubuntu)
- Download R for macOS
- Download R for Windows

R is part of many Linux distributions, you should check with your Linux package management system in addition to the link above.

图 6－11　CRAN 网页

R for Windows

Subdirectories:

base	Binaries for base distribution. This is what you want to **install R for the first time**.
contrib	Binaries of contributed CRAN packages (for R >= 3.4.x).
old contrib	Binaries of contributed CRAN packages for outdated versions of R (for R < 3.4.x).
Rtools	Tools to build R and R packages. This is what you want to build your own packages on Windows, or to build R itself.

Please do not submit binaries to CRAN. Package developers might want to contact Uwe Ligges directly in case of questions / suggestions related to Windows binaries.

You may also want to read the R FAQ and R for Windows FAQ.

Note: CRAN does some checks on these binaries for viruses, but cannot give guarantees. Use the normal precautions with downloaded executables.

图 6－12　CRAN 网页之 R for Windows 页面

R-4.3.0 for Windows

Download R-4.3.0 for Windows (79 megabytes, 64 bit)
README on the Windows binary distribution
New features in this version

This build requires UCRT, which is part of Windows since Windows 10 and Windows Server 2016. On older systems, UCRT has to be installed manually from here.

If you want to double-check that the package you have downloaded matches the package distributed by CRAN, you can compare the md5sum of the .exe to the fingerprint on the master server.

图 6-13 R for Windows 最新版本下载页

（4）点击 Download R-4.3.0 for Windows 开始下载，下载完成后运行安装程序，设置好 R 软件的安装位置，并记住该位置。本机 R 安装在 D：/Program Files/R/R-4.2.1 文件夹中。

（二）安装 Processing R Provider 插件

在 R 软件安装完成后，还要在 QGIS 中安装 Processing R Provider 插件，然后配置环境变量，使 QGIS 能够找到 R。

（1）在菜单栏点击“插件｜管理并安装插件...”，打开插件管理器对话框。

（2）在“全部”标签页中搜索 Processing R Provider，选中该插件，点击安装插件按钮。安装完成后，即可在“已安装”标签页中看到该插件，如图 6-14 所示。

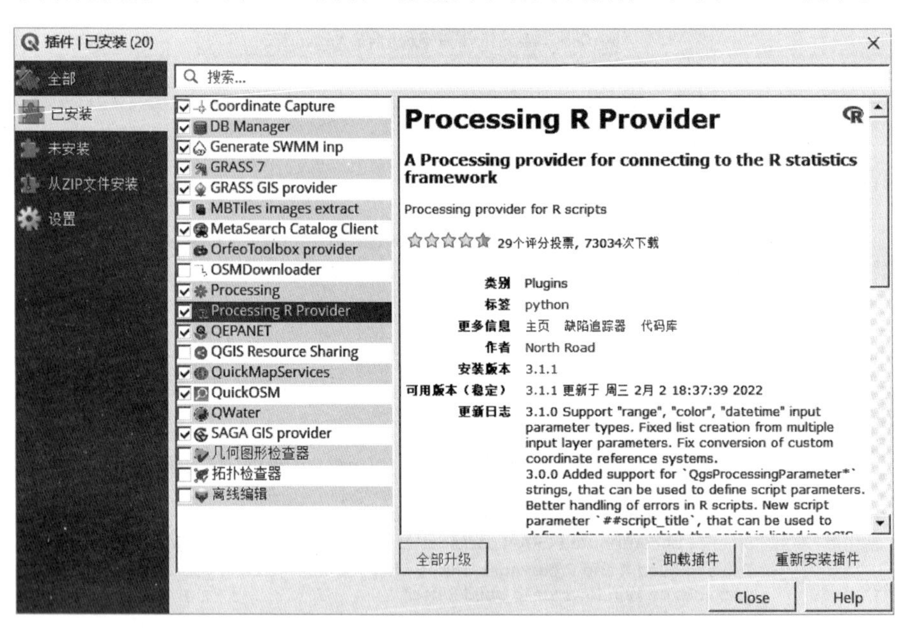

图 6-14 安装 Processing R Provider 插件

（3）在菜单栏单击“设置｜选项”，打开选项对话框。

（4）在“数据处理”标签页中，展开“数据源｜R｜R folder”，将 R 的安装位置（本机 R 安装在“D：/Program Files/R/R-4.2.1”文件夹中）写入 R folder 栏中。R scripts folder 和 User library folder 分别是 R 脚本和用户下载的 R 程序包的位置，默认保存在 QGIS 的应用程序数据（AppData）文件夹，可以查看该位置，一般无需修改。配置信息如图 6－15 所示。

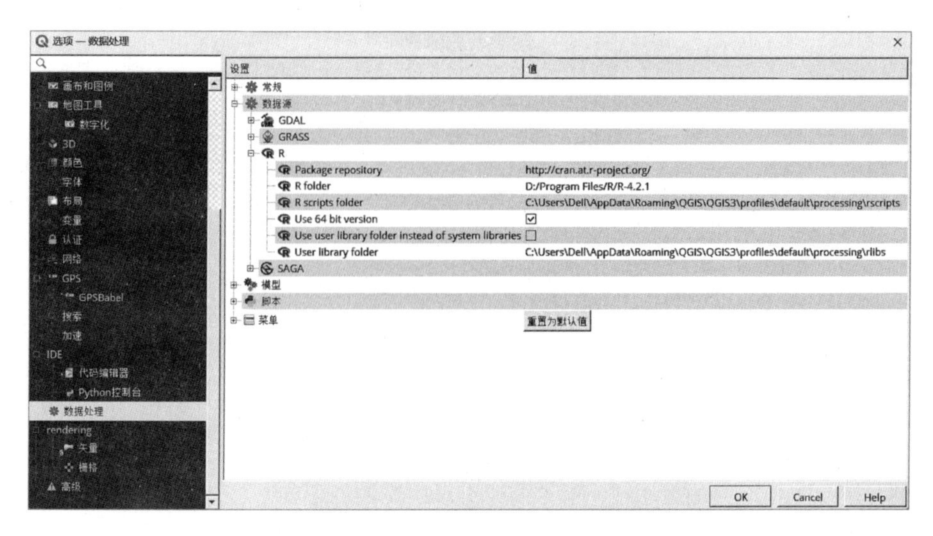

图 6－15　R Provider 配置信息

（三）导入 R 脚本

安装 R 和 Processing R Provider 插件并完成配置后，即可在数据处理工具箱中看到 R 软件及其示例脚本（Example scripts），如图 6－16 所示。要进行 Kriging 插值，还需要编写 R 脚本。在 QGIS 资源分享库（QGIS Resource Sharing）中有一些 R 脚本可供下载和编辑，改写 JEANDENANS L. 的脚本完成 Kriging 插值工作，该脚本只能完成普通 Kriging 插值，简单 Kriging 和通用 Kriging 应使用 R 完成，R 能提供更多的选项。

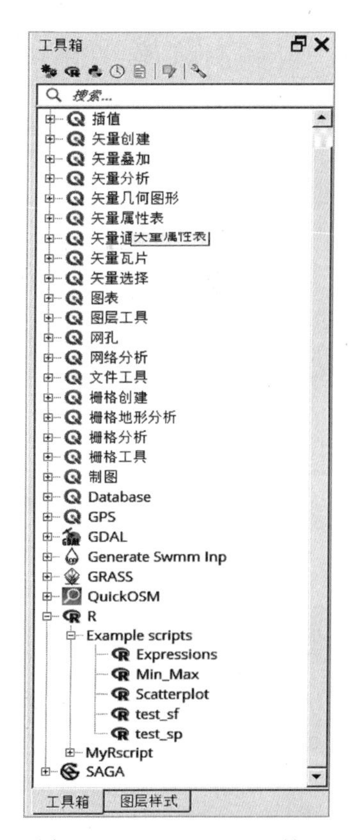

图 6－16　R Provider 工具

（1）用记事本编辑下面的脚本，并保存为“My-Kriging. rsx”文件，后缀名为“. rsx”。

```
##MyRscript=group
##Kriging=name
##Point=vector point
##Area=extent
##Field=Field Point
##Model=selection
Exp; Log; Sph; Gau; Exc; Mat; Cir; Lin; Bes; Pen; Per; Wav; Hol; Leg; Ste
##Output_raster_cell_size=number 10
```

```
##Output_raster=output raster
##load_vector_using_rgdal

library(gstat)
library(rgl)
library(spatstat)
library(maptools)
library(pls)
library(automap)
library(raster)
Y<-as.factor(Point[[Field]])
attribut<-as.data.frame(Y)
A<-as.numeric(Y)
for(j in(1:length(levels(Y))))
for(i in 1:dim(attribut)[1]){
  if(attribut[i,1]==levels(Y)[j]){
  A[i]=j
 }
}
coords<-coordinates(Point)
Mesure<-data.frame(LON=coords[,1], LAT=coords[,2], A)
coordinates(Mesure)<-c("LON","LAT")
Models<-c("Exp","Log","Sph","Gau","Exc","Mat","Cir","Lin","Bes","Pen","Per","Wav","Hol","
Leg","Ste")
Model<-Model+1
select_model<-Models[Model]
coords_Area<-coordinates(Area)
MinX<-min(coords_Area[,1])
MinY<-min(coords_Area[,2])
MaxX<-max(coords_Area[,1])
MaxY<-max(coords_Area[,2])
Seqx<-seq(MinX, MaxX, by=Output_raster_cell_size)
Seqy<-seq(MinY, MaxY, by=Output_raster_cell_size)
MSeqx<-rep(Seqx, length(Seqy))
MSeqy<-rep(Seqy, length(Seqx))
MSeqy <-sort(MSeqy, decreasing=F)
Grille <-data.frame(X=MSeqx, Y=MSeqy)
coordinates(Grille)=c("X","Y")
gridded(Grille)<-TRUE
v<-autofitVariogram(A~1,Mesure,model=select_model)
prediction <-krige(formula=A~1, Mesure, Grille, model=v$var_model)
result<-raster(prediction)
```

```
proj4string(Point)->crs
proj4string(result)<-crs
Output_raster<-result
```

（2）用记事本编辑下面的脚本，并保存为“MyKriging. rsx. help”文件，后缀名为“. help”。

{"ALG _ DESC"："该脚本可用于 Kriging 插值，可以选择半方差图的模型结构。使用 autofitVariogram 函数自动拟合模型，不需要提供初始值。用于插值的字段（field）可以是数值，也可以是其他类型。调用 gstat 包中的 krige 函数进行插值，生成一个栅格图。"，"Model"："半方差图（variogram）的模型列表"，"ALG _ CREATOR"："JEANDENANS L. "，"Point"："用于插值的点（矢量数据）"，"Field"："用于插值的字段"，"Area"："插值区域"，"Output _ raster"："输出 Kriging 栅格"，"Output _ raster _ cell _ size"："输出栅格图像的像元大小，地图单位，通常是米"}

（3）将上述两个脚本文件复制到“C：\ Users \ Dell \ AppData \ Roaming \ QGIS \ QGIS3 \ profiles \ default \ processing \ rscripts”文件夹中，这个文件夹是 R scripts folder 所在的位置，在配置 R 软件的时候讲过这个文件夹。每台微机的 R scripts folder 的位置可能不一样，要确定其具体位置应该再次查看 R 软件的配置信息。具体参见本章第二节安装 Processing R Provider 插件的第 4 步。

（四）进行 Kriging 插值

完成上述工作后，重启 QGIS，会在数据处理的工具箱中看到 Kriging 工具，如图 6－17 所示。双击该工具，打开 Kriging 插值对话框。在上一步导入了帮助文件（MyKriging. rsx. help），所以在对话框的右侧会看到帮助信息。该脚本可用于 Kriging 插值，可以选择半方差图的模型结构。使用 autofitVariogram 函数自动拟合模型，不需要提供初始值。用于插值的字段（field）可以是数值，也可以是其他类型。调用 gstat 包中的 krige 函数进行插值，生成一个栅格图。

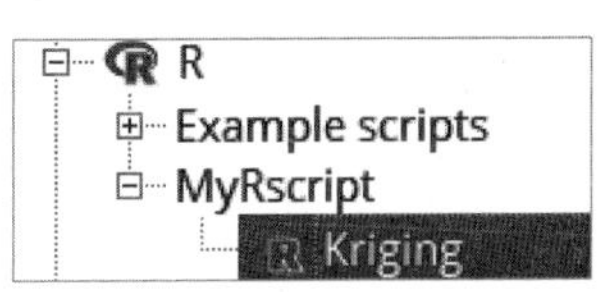

图 6－17　Kriging 插值工具

输入参数：

Point 用于插值的点（矢量数据）

Area 插值区域

Field 用于插值的字段

Model 半方差图（variogram）的模型列表

Output raster cell size 输出栅格图像的像元大小，地图单位，通常是米

输出：

Output raster 输出 Kriging 栅格

设置分析参数并执行插值工作。将 Point 图层设为“meuse _ point”，使用下拉箭头将 Area 设为“meuse _ area _ plg”，将 Field 选为“zinc”，半方差图（variogram）模型选为“Sph”，输出栅格图像的像元大小（Output raster cell size）设为 10m。最后将输出结果保存到文件，选择保存位置，将文件命名为“meuse _ point _ kriging. tif”。设

置完成后如图 6-18 所示，点击运行执行插值工作，完成后关闭对话框。

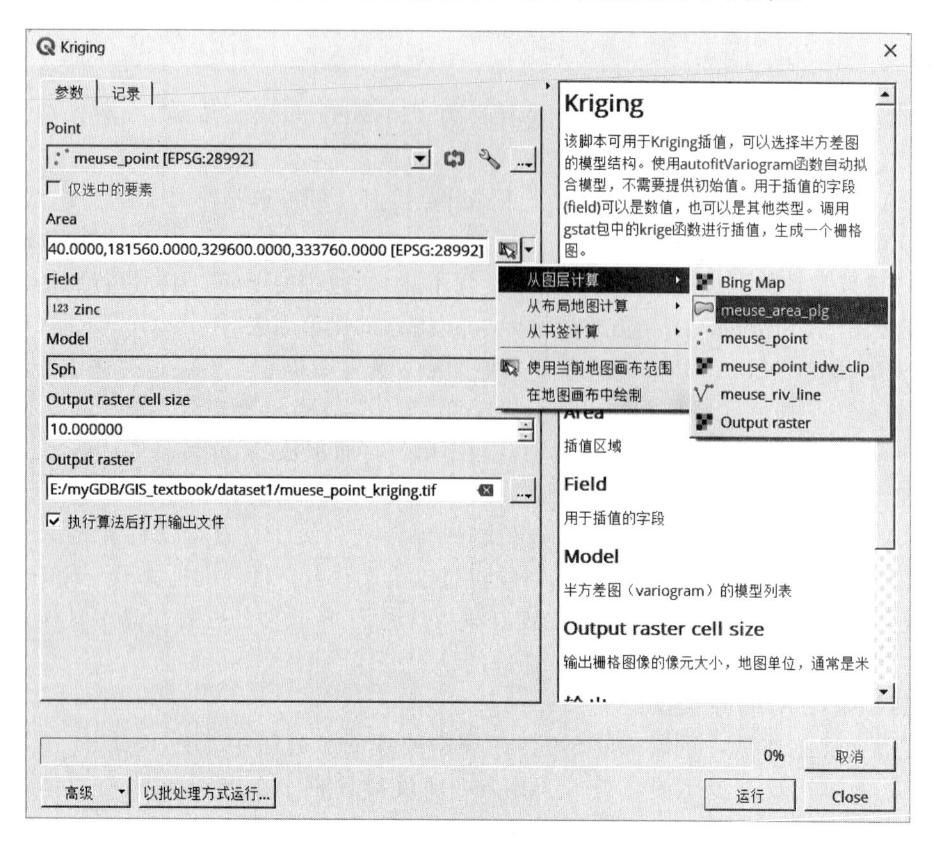

图 6-18　Kriging 插值参数设置界面

（五）裁剪

同 IDW 法一样，使用 meuse _ area _ plg 图层对插值图进行裁剪，将裁剪后的图保存为“meuse _ point _ kriging _ clip. tif”。移除“meuse _ point _ kriging”图层。

（六）可视化栅格

如图 6-19 所示，同 IDW 法一样，将图层样式设置为单波段伪彩色，将颜色渐变设为 Reds。

设置完成后，插值地图如图 6-20 所示，与 IDW 法相比，土壤锌含量的空间分布趋势更加明显，靠近河道土壤锌含量较高，远离河道土壤锌含量较低。

本章知识点

（1）空间插值是指通过有限的已知样点的值推测样点附近未知地点的值。

（2）空间插值的目的是用有限的稀疏点的观测值构建连续的表面，用来描述属性值（z 值）的空间变异。

（3）空间相关性即对于地理上连续分布的现象、邻近点之间的关联性强，较远的点之间相关性弱或者无关。

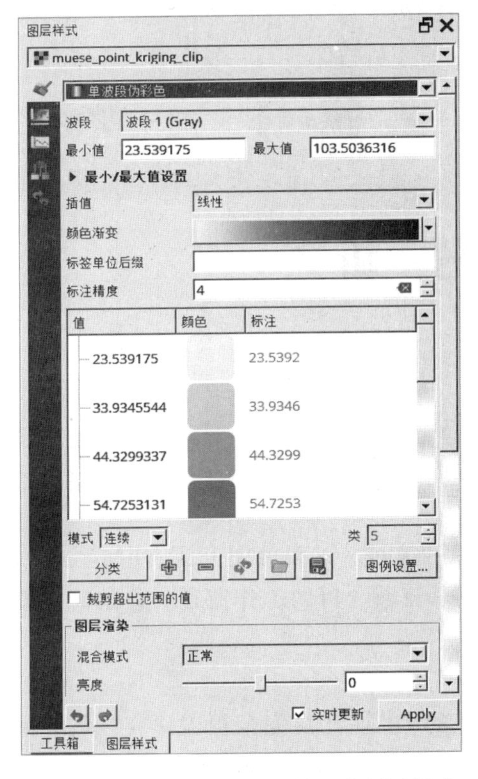

图 6-19　设置 Kriging 插值图的图层样式

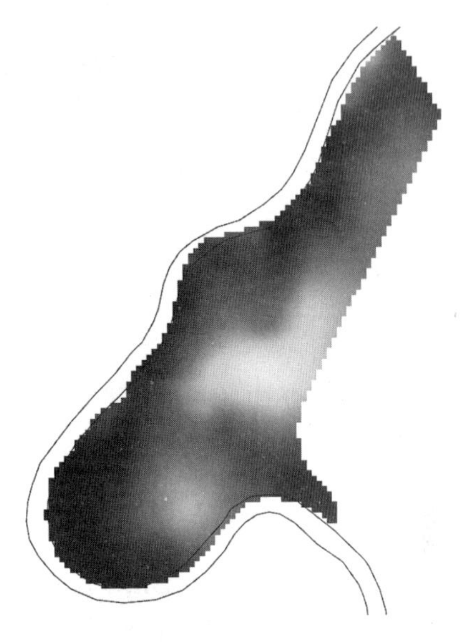

图 6-20　Kriging 插值图

（4）整体插值法是指使用全部的已知点去估计未知点，包含趋势面模型和回归模型。

（5）局部插值法是指用一个已知点的样本去估计未知值，这个样本只包含部分已知点而非全部。

（6）IDW 属于确定性局部插值法，Kriging 属于随机性局部插值法。

（7）Kriging 提供的是最优线性无偏估计。

（8）在 Kriging 插值中，空间相关性是用半方差图（Variogram）描述的。

（9）使用 R 脚本扩展 QGIS 的数据处理功能。

项　目　实　践

（1）利用附录 2 中的数据，分析河岸其他重金属元素含量的空间变异。

（2）利用附录 2 中的数据，以高程、洪水泛滥频率、土壤类型为协变量，分析距离河道的远近对四种重金属元素含量的影响。

第七章

流 域 分 析

第一节 引 言

GIS 在水文学中的一个重要应用是描绘河流和流域。本章使用开源 DEM 数据，绘制德国鲁尔河（Rur）的河道和流域，目的是演示流域分析的工作流程。鲁尔河在鲁尔蒙德汇入默兹河。

描绘河流和流域的一般工作流程如下：

（1）下载研究流域的 DEM 瓦片。确保下载的 DEM 瓦片完全覆盖研究区域，最好在地理范围上略大于研究区域。

（2）如果研究区域被多个 DEM 瓦片覆盖，应首先下载全部的瓦片，然后将这些瓦片镶嵌成单一的 DEM 栅格图层。

（3）如果 DEM 瓦片的参照系统与项目的参照系统不同，则重构 DEM 图层。

（4）如果镶嵌的 DEM 图层在地理范围上大于研究区域，则使用研究区域的地理范围裁剪 DEM 图层。这样可以减少计算量，加快处理速度。

（5）如果 DEM 图层存在没有数据的像元，可以使用内插法将这些像元设置为空。

（6）通过填洼和剔除毛刺对 DEM 图层进行水文学校准。

（7）计算每个像元的水流流向。

（8）获取排水网络和绘制流域范围。

研究区域覆盖多个国家，需要 4 个瓦块拼接而成。首先从网上下载开源的 DEM 瓦片，为了简化操作过程，本书省略了具体下载过程，只给出了下载地址。得到 DEM 瓦片之后，需要将 4 个瓦块镶嵌成一个较大的瓦片，本书详细介绍了瓦片地图的镶嵌过程。接下来依据研究区域的范围对瓦片进行裁剪，剔除不必要的地理区域，减少计算量。如果瓦片地图的参照系统与项目的其他数据不一致，就需要转换参照系统。上述过程完成之后，进入水文处理阶段，先进行填洼操作，剔除 DEM 中人为的洼坑。然后提取河道，并根据河道的 Strahler 序号确定所要提取的河道的级别。如果提取河道的级别过低，就会包含较多的支流，与实际情况不符。如果提取河道的级别过高，则会忽略小支流。要获取合理的 Strahler 序号，需仔细对比背景地图。在选定 Strahler 序号之后，即可利用经过填洼处理的 DEM 进行河道网络和流域描绘工作。最后再将河道网络和流域图层打包成 GeoPackage 文件，便于数据的分享。

第二节 具体实现过程

一、下载 DEM 瓦片地图

在 2014 年，全球 1 弧秒 DEM 数据作为开源数据可以在网站（http://earthexplorer.usgs.gov）下载，它的空间分辨率在赤道附近大约为 30m。要覆盖研究区域，总共需要 4 个 DEM 瓦片，分别为：n50_e005_1arc_v3.tif、n50_e006_1arc_v3.tif、n51_e005_1arc_v3.tif 和 n51_e006_1arc_v3.tif。上述文件存放在 E：\myGDB\GIS_textbook\dataset2 文件夹中，利用这些开源数据演示从 DEM 图层中提取河道和描绘流域。为了简化操作，本书省略了 DEM 数据的下载过程。

二、镶嵌 DEM 瓦片

首先需要将 4 个 DEM 瓦片融合在一起，并保证地理对齐，这个融合过程称为镶嵌。瓦片镶嵌有两种方法：①融合成一个实体文件，如 GeoTIFF 格式的栅格图层；②融合为一个虚拟文件，文件格式为“.vrt”。

第一种方法比较慢，如果有多个瓦片，推荐使用第二种方法，即创建一个虚拟的融合文件。具体步骤如下：

（1）打开“构建虚拟栅格”对话框。如图 7-1 所示，在主菜单中依次点击“栅格｜杂项｜构建虚拟栅格…”，打开“构建虚拟栅格”对话框。

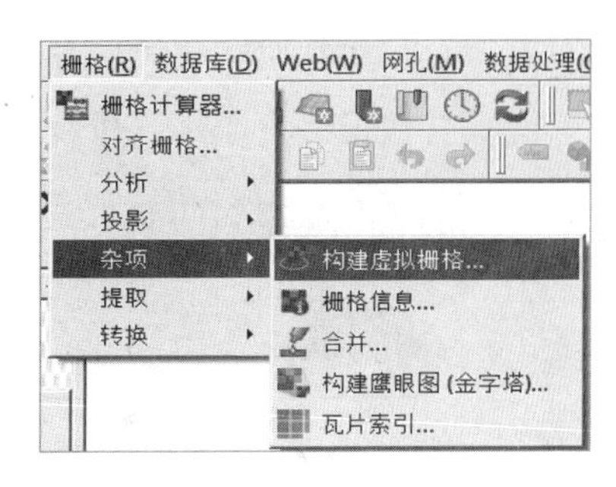

图 7-1 “构建虚拟栅格”菜单

（2）输入 DEM 瓦片。在“构建虚拟栅格”对话框（图 7-2）顶部的“Input layers”中输入 DEM 瓦片。点击“Input layers”最右侧的 ...，然后点击“添加文件”，找到 DEM 瓦片的存放位置，按住 ctrl 键同时选择 4 个 DEM 瓦片，如图 7-3 所示，点击 OK 按钮完成 DEM 瓦片添加工作。

（3）设置分析参数。保持空间解析度（Resolution）为默认值（Average），在本例中不改变空间解析度。保持“Place each input file into a separate band（将每个输入文件放入单独的波段）”和“Allow projection difference（允许不同的投影）”两个选项为非选择状态，保持高级参数选项为默认状态。

（4）设置虚拟文件的保存位置。浏览并选择虚拟文件的保存位置，输入名称 dem_mosaic.vrt。设置完成后构建虚拟栅格对话框如图 7-4 所示。

（5）执行融合算法。完成上述全部工作后，点击运行按钮，执行融合算法。在记录标签中提示”进程顺利完成”，输出的图层保存在“E：/myGDB/GIS_textbook/dataset2/dem_mosaic.vrt”。点击 Close 按钮关闭“构建虚拟栅格”对话框，在地图画布中查看融合后的 DEM 图层。

三、重新投影

下载的 DEM 瓦片使用的是地理坐标系统（GCS）投影，它的测控网为 WGS84

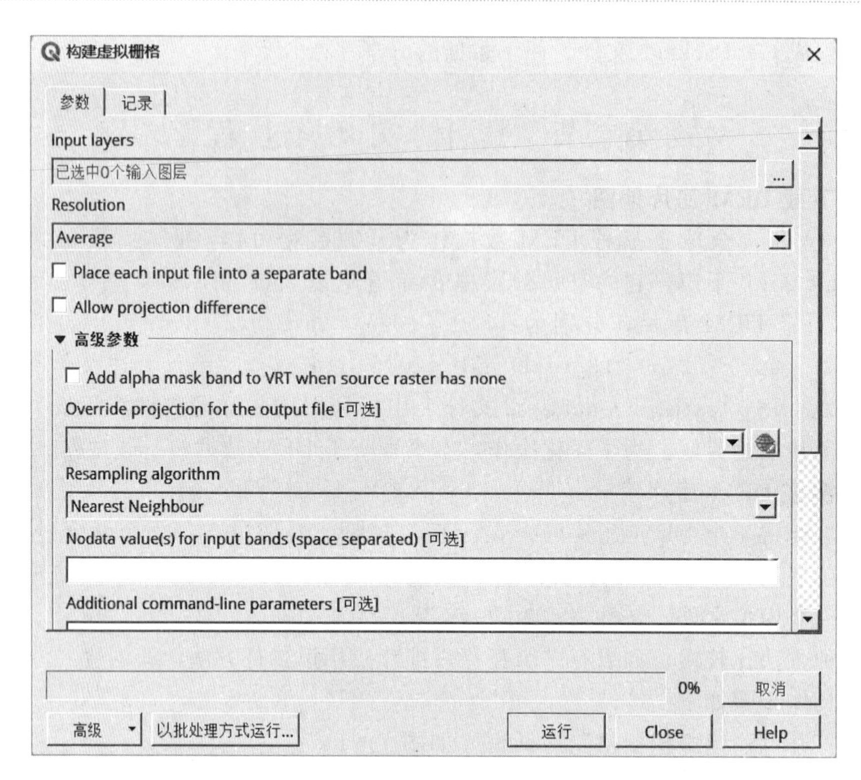

图 7-2 “构建虚拟栅格”对话框

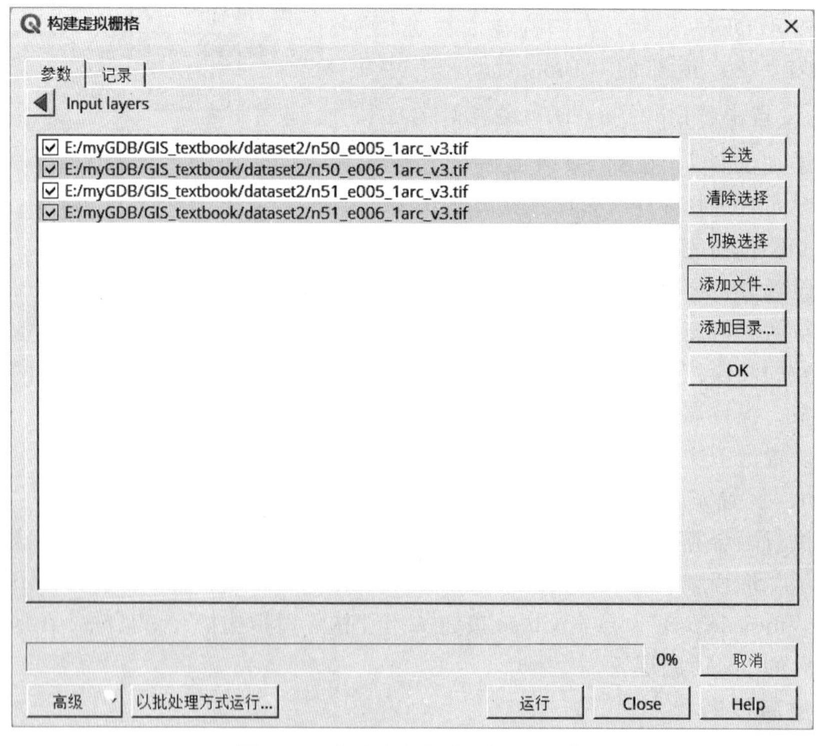

图 7-3 构建虚拟栅格时添加文件

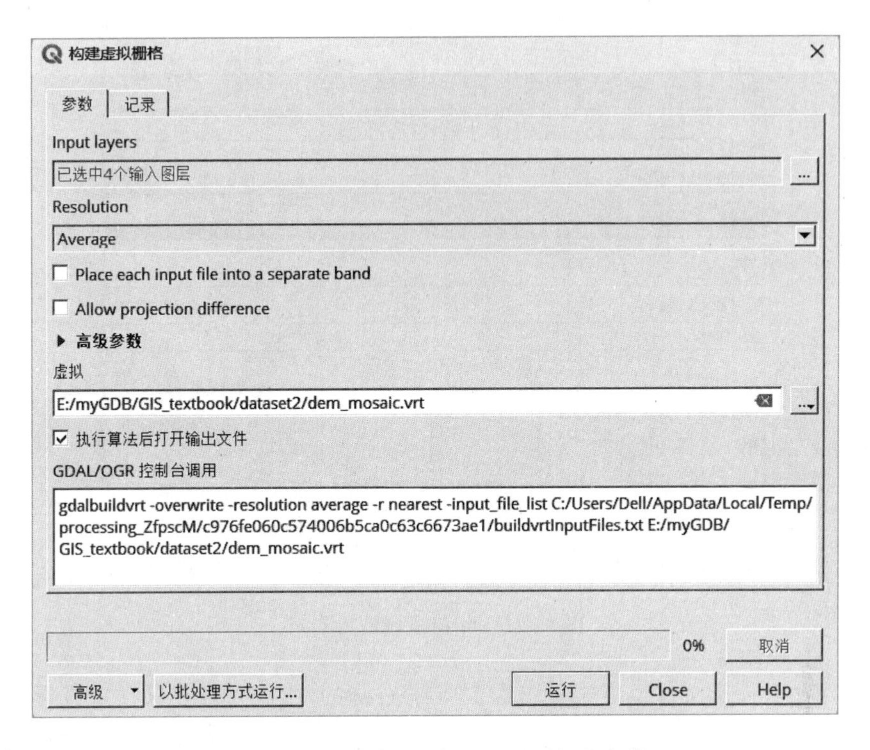

图 7-4 “构建虚拟栅格”对话框的参数

(EPSG：4326)，平面坐标单位为度。实际上 DEM 瓦片并未进行投影，不能用于空间分析。在进行空间分析之前，应该为 GIS 项目和 DEM 图层选择合适的投影坐标系统。由于研究区域覆盖德国、荷兰和比利时等多个国家，故采用全球投影：UTM 32N WGS 84（通用横轴墨卡托投影，北纬 32 区，测控网为 WGS 84）。在网站 http://www.spatialreference.org 上，输入 UTM 32N WGS 84，查询得到 EPSG 编码为 32632。因此，将项目和 DEM 图层的参照系统全部设置为 EPSG 32632。

(1) 打开“变形（重投影）”对话框。在主菜单中依次点击“栅格｜投影｜变形（重投影）...”，打开“变形（重投影）”对话框，如图 7-5 所示。

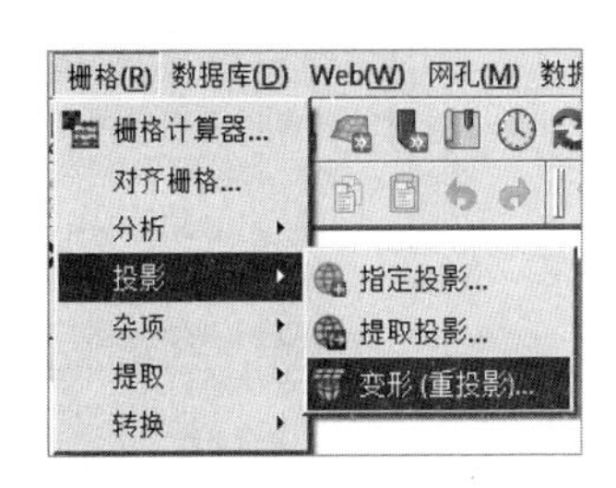

图 7-5 “变形（重投影）”菜单

(2) 设置目标 CRS［可选］为 EPSG：32632。点击目标 CRS［可选］右侧的“选择 CRS”按钮，打开选择 CRS 对话框（图 7-6），选择“预定义 CRS”，在“过滤器”中输入 32632 即可找到坐标参照系 WGS 84/UTM zone 32N，选择该坐标系。单击返回按钮回到设置目标 CRS 步骤。

(3) 设置参数。设置“要使用的重采样方法”为“最近邻采样”。设置“输出波段的无数据值”为“-9999”，这是因为在重投影时栅格图层的边界会出现“无数据”像元。设置输出文件分辨率为 30m。

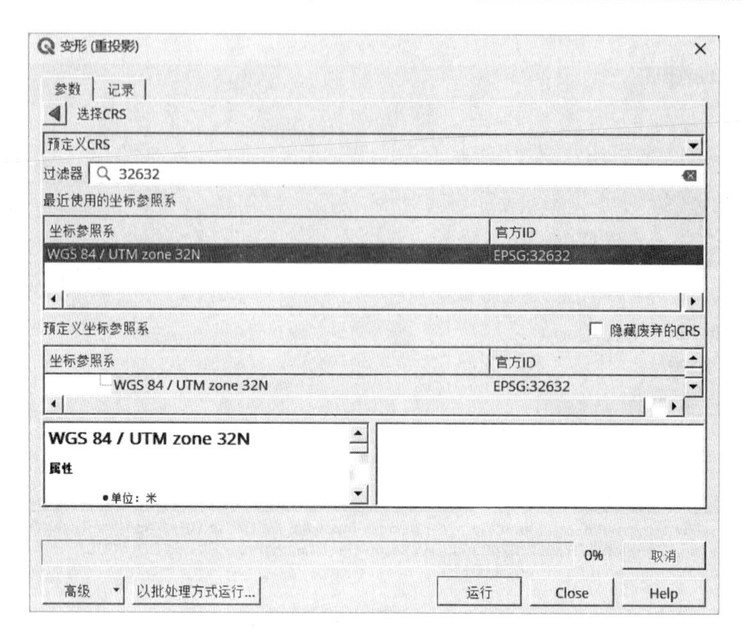

图 7-6 rur 河流域配置 CRS

（4）保存重投影文件。点击重投影文本框右侧的 ...，浏览并保存重投影文件，输入名称“dem _ reprojected. tif”。设置好全部参数后，“变形（重投影）”对话框如图 7-7 所示。点击“运行”按钮，执行重投影算法。重投影结束后，即可在画布中查看新图层，此时设置工程参考坐标系为 EPSG：32632 即可正确显示图层。

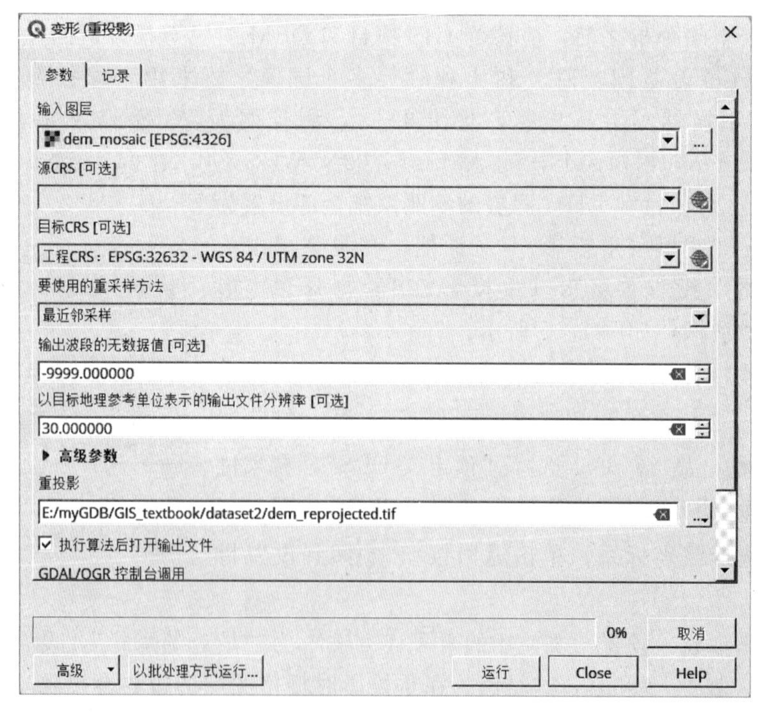

图 7-7 rur 河流域重投影算法参数

四、裁剪地图

为了减少算法的运算量和计算时间，故对前面镶嵌的地图进行裁剪操作。为了方便练习，在配套数据中包含研究区域的大致地理范围，这是一个“.shp”格式的矩形框。下面使用上述矩形框对栅格地图进行裁剪。

(1) 加载研究区域的矩形框。找到“boundingbox.shp”文件，将其拖拽到地图画布中。

(2) 打开“按掩膜图层裁剪栅格”对话框。在主菜单中依次点击“栅格 | 提取 | 按掩膜图层裁剪栅格...”，打开“按掩膜图层裁剪栅格”对话框。

(3) 设置输入和输出值。在“按掩膜图层裁剪栅格”对话框中，将输入图层设置为“dem _ reprojected”，将掩膜图层设置为“boundingbox”。保持其他选项为默认值。将裁剪结果保存到文件，使用“已裁剪（掩膜）”下方文本框右侧的选择按钮 ...，选择文件的保存位置，并将文件命名为“dem _ subset.tif”。设置完成后，“按掩膜图层裁剪栅格”对话框如图 7-8 所示。

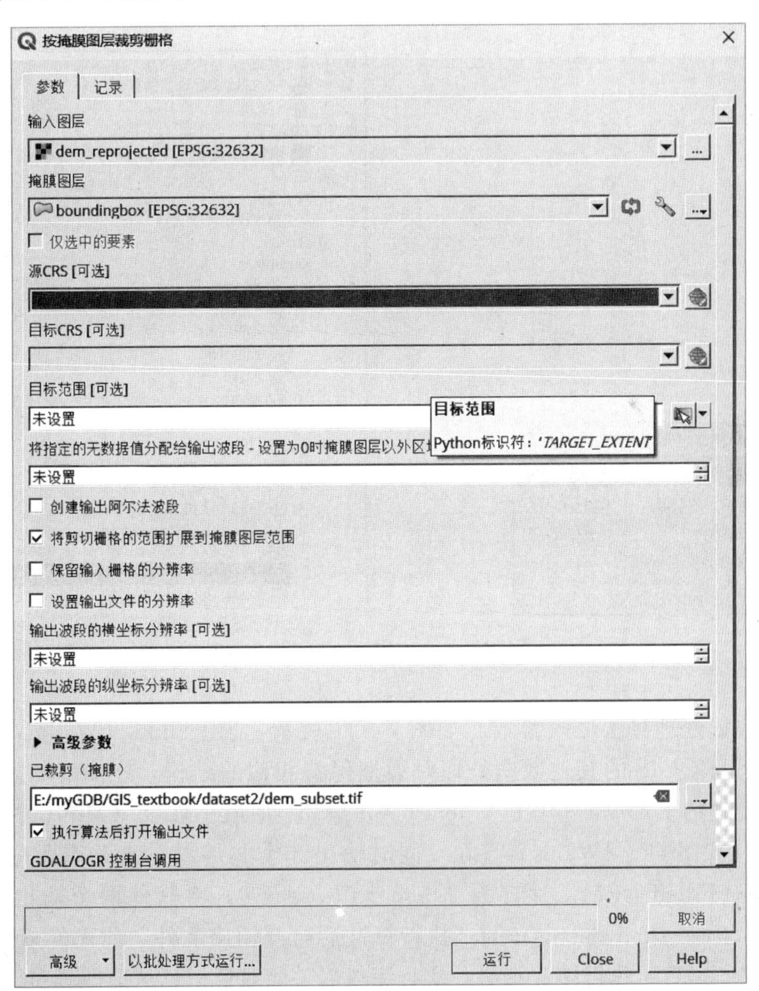

图 7-8　rur 河流域裁剪参数

（4）点击运行按钮，完成裁剪工作。

五、填洼

未经处理的 DEM 可能存在一些人为的洼坑，这些洼坑是网格化过程中产生的误差，不是真实存在的。因此，在流域分析之前应该将人为的洼坑剔除，剔除洼坑的过程称为填洼。在现实中有很多算法可用于填洼操作，QGIS 中已安装有多个插件，在本例中使用 SAGA 提供的填洼工具。

（1）打开数据处理工具箱。在主菜单中依次点击“数据处理｜工具箱”，打开数据处理工具箱，如图 7－9 所示。

（2）查找并打开 SAGA 的“Fill Sinks（Wang & Liu）”命令（图 7－10）。在数据处理工具箱的搜索框中输入“fill”，在“SAGA｜Terrain Analysis－Preprocessing｜Fill Sinks（Wang & Liu）”找到该命令，双击即可打开 Fill Sinks（Wang & Liu）的数据处理对话框。

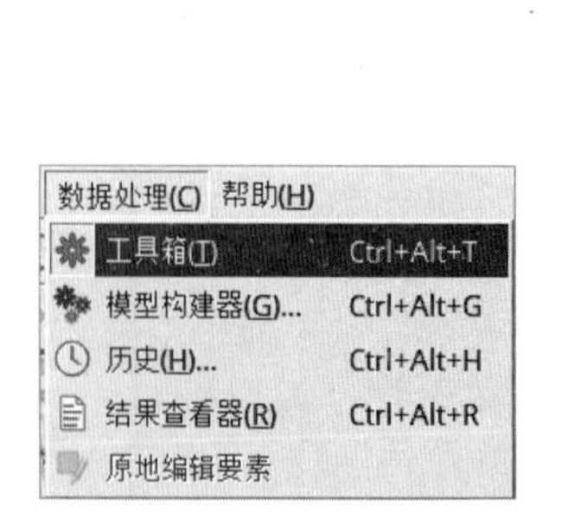

图 7－9　“数据处理工具箱”菜单

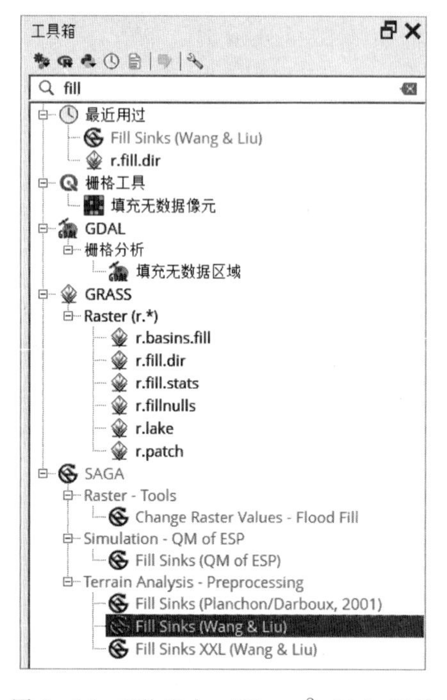

图 7－10　Fill Sinks（Wang & Liu）工具

（3）为数据处理算法输入参数。如图 7－11 所示，Fill Sinks（Wang & Liu）的数据处理对话框与 QGIS 的其他数据处理对话框保持相似的结构。在 DEM 文本框中输入要进行填洼处理的 DEM，这里是“dem _ subset”。将最小坡度（Minimum Slope）设置为 0.001。Fill Sinks（Wang & Liu）同时输出 3 个文件，在此只需要进行填洼，将无洼坑 DEM（Filled DEM）保存为“dem _ fill. sdat“，将其他两个输出文件（Flow Directions 和 Watershed Basins）的“执行算法后打开输出文件”前面的复选框取消。

（4）点击“运行”执行填洼算法，执行完成后关闭对话框。从地图画布中移除 dem _ subset，接下来的操作已经用不到该图层。

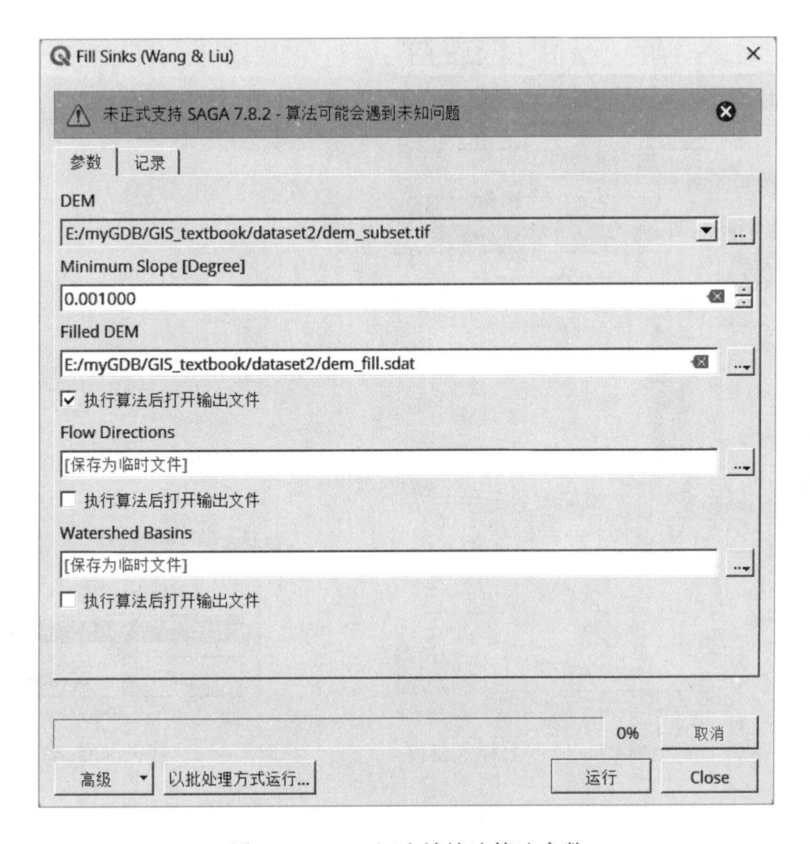

图 7-11　rur 河流域填洼算法参数

六、可视化 DEM

QGIS 会自动渲染 DEM 数据，但是由于不知道 DEM 数据所要表现的信息和栅格数据的类型（如：布尔型、离散型和连续型），渲染的图像可读性往往较差。下面展示正确显示 DEM 数据的步骤。

（1）打开图层样式面板。在图层窗口中，点击按钮打开图层样式面板。本例中的 DEM 是一个连续型栅格，包含实数数据。连续型栅格在 QGIS 中使用渐变色表示（图 7-12）。

（2）设置渐变色。使用下拉列表将所有编辑的图层设置为“dem _ fill”。在图层符号化面板中，使用下拉列表选择“单波段伪色彩”。右击颜色渐变，选择新建颜色渐变。在颜色渐变类型对话框中（图 7-13），使用下拉列表选择“目录分类：cpt-city”。点击 OK 打开“cpt-city”颜色渐变选择器。

（3）在“cpt-city”颜色渐变选择器中，依次找到“Topography/elevation”，单击“elevation”选用该渐变色（图 7-14），点击“OK”。

七、计算 Strahler 序号

在描绘河流之前，要定义什么是河流。在本例中，使用 Strahler 序号（Strahler Orders）定义河流，序号越大则河流越大（图 7-15）。

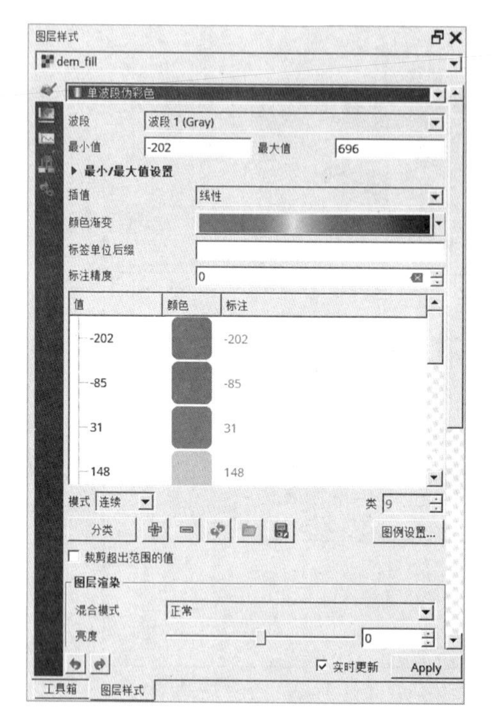

图 7－12 rur 河流域 DEM 图层样式面板

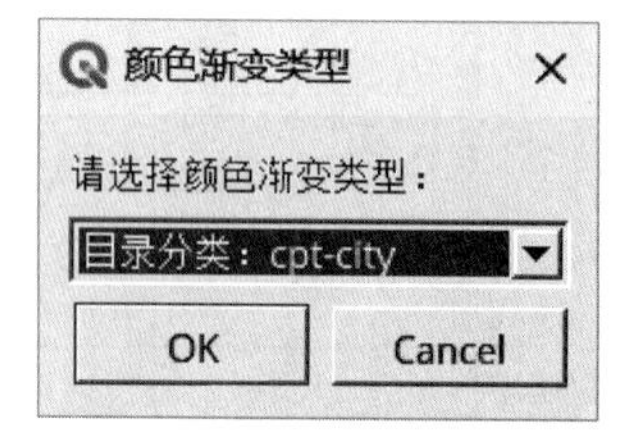

图 7－13 颜色渐变类型对话框

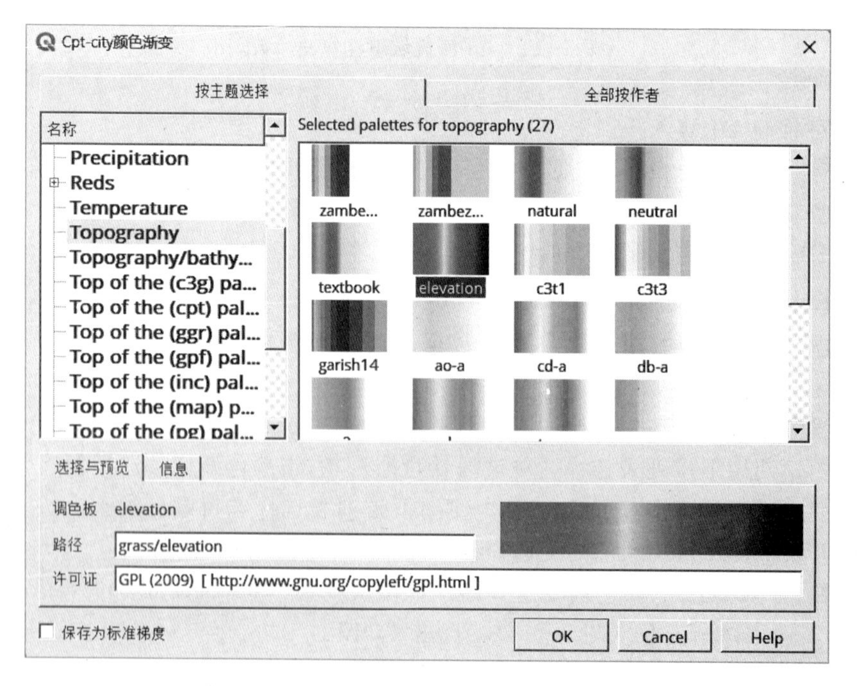

图 7－14 设置 “elevation” 渐变色

在数据处理工具箱中搜索“Strahler”，在“SAGA | Terrain Analysis - Channels | Strahler Order”找到要使用的工具（图 7 - 16）。

图 7 - 15 Strahler Order 示意图

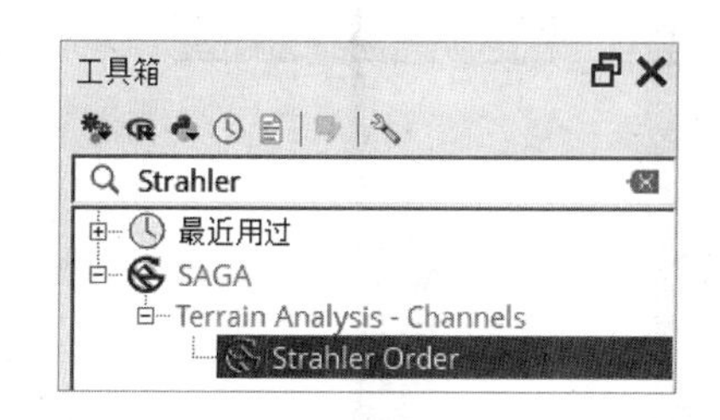

图 7 - 16 Strahler Order 工具

双击“Strahler Order”工具，打开 Strahler Order 处理框架对话框（图 7 - 17）。在高程（Elevation）中选择“dem _ fill”作为输入图层，在 Strahler 序号（Strahler Orders）中选择保存到文件，并找到合适的保存位置，将文件命名为“strahler. sdat”。忽略警告信息，点击运行按钮，完成处理过程。

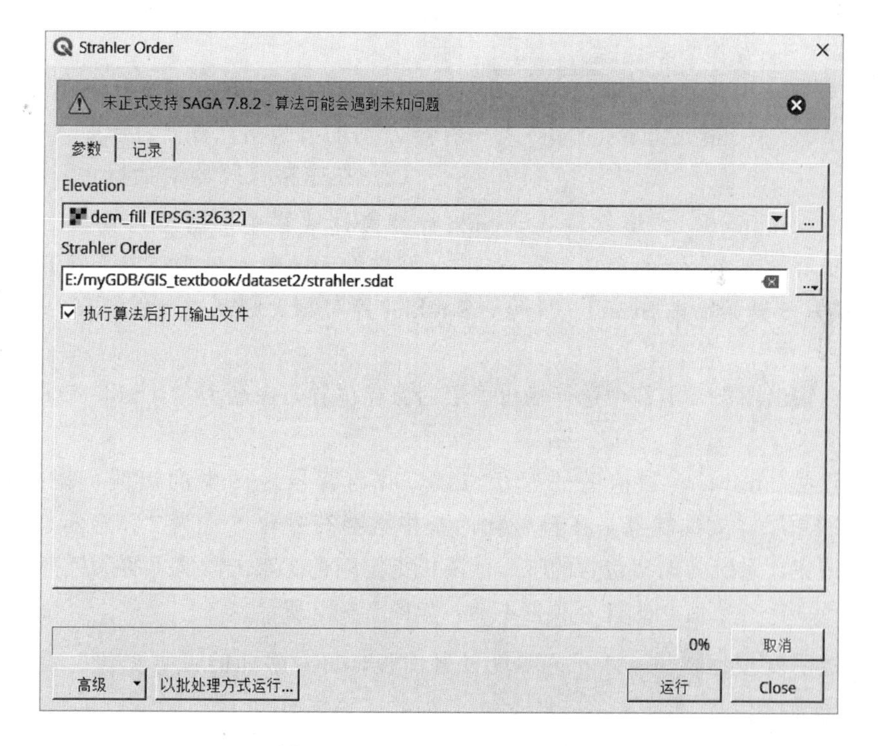

图 7 - 17 Strahler Order 对话框

处理完成后，在画布中即可看到 strahler 图层，下面修改 strahler 图层的可视化形式，使之易于辨识。

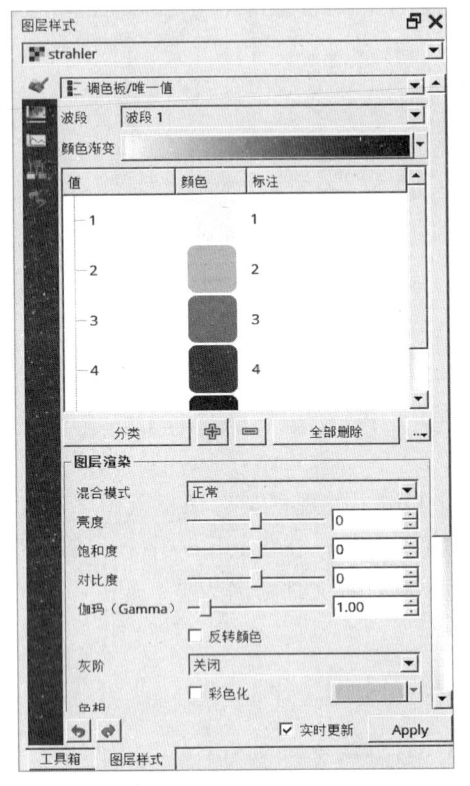

图 7－18　strahler 图层样式面板

strahler 图层是离散栅格，QGIS 使用“调色板/唯一值”进行可视化处理，如图 7－18 所示。

（1）打开图层样式面板，将要编辑的图层设为 strahler。

（2）从下拉列表中选择“调色板/唯一值”。

（3）点击“分类”按钮，系统自动为每一个唯一值分配一个随机的颜色。

（4）右击颜色渐变项的“Random colors（随机色）”，选择“Blues（蓝色）”。

为了准确描绘出河流，需要确定合理的 Strahler 序号。首先，使用一个阈值为 strahler 图层创建一个二值图层，在这个二值图层中，如果序号大于或等于阈值则设为 1，否则设为 0。然后，比较二值图和背景地图，从而确定合适的 Strahler 序号，这个序号将用于提取河流。

（1）在主菜单依次点击“栅格 | 栅格计算器...”，打开栅格计算器对话框。

（2）在栅格计算器对话框中，双击栅格波段栏中的 strahler@1，将其输入到栅格计算表达式栏中，然后再输入＞＝5，如图 7－19 所示。该表达式的含义为若 strahler 栅格像元的值大于或等于 5 则取 1，否则取 0。我们从 5 开始筛选 Strahler 序号，Strahler 序号越大则溪流级别越高，可忽略较小的溪流。

（3）在输出图层文本框中选择输出图层的保存位置，命名为“strahler5. tif”，单击 OK 开始计算。

（4）设置 strahler5 二值图的显示方式，并与背景地图中的河流向对比。打开 strahler5 的图层样式编辑器，在符号化面板中选择符号化方式为“调色板/唯一值”。点击分类按钮，系统为栅格包含的唯一值随机指定颜色。双击数值 1 的颜色符号，将其设置为蓝色。保持数值 0 的符号颜色不变，如图 7－20 所示。

点击透明度按钮，打开透明度设置面板，将“附加的无数据值”设为 0，如图 7－21 所示。

此时，地图画布中的河流已变成蓝色，将其与背景地图中的河流向对比，发现提取的小溪流过多，需要增加 Strahler 序号。

重复上述步骤，逐渐增加 Strahler 序号，生成河流栅格，再对比背景地图，确定合适的 Strahler 序号。最终确定 Strahler 序号为 8，这个数字在提取河网时有用。

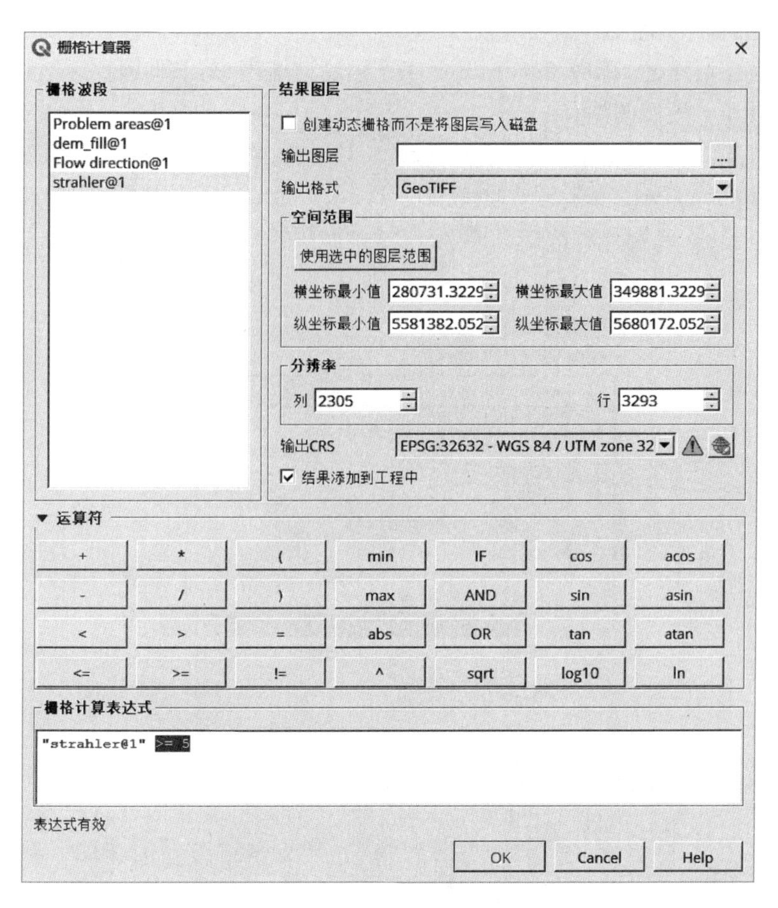

图 7-19　Strahler 序号栅格计算器对话框

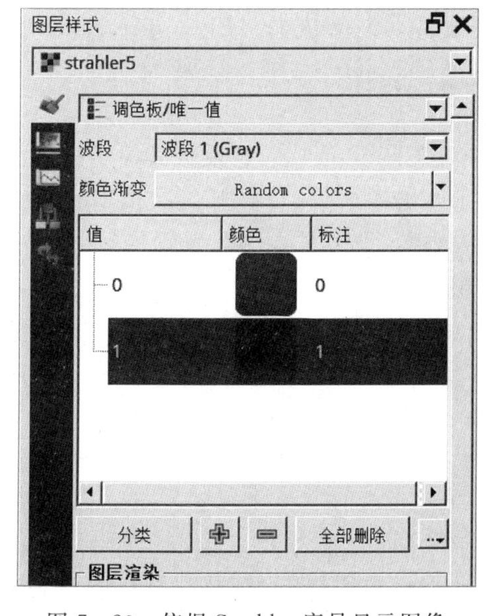

图 7-20　依据 Strahler 序号显示图像

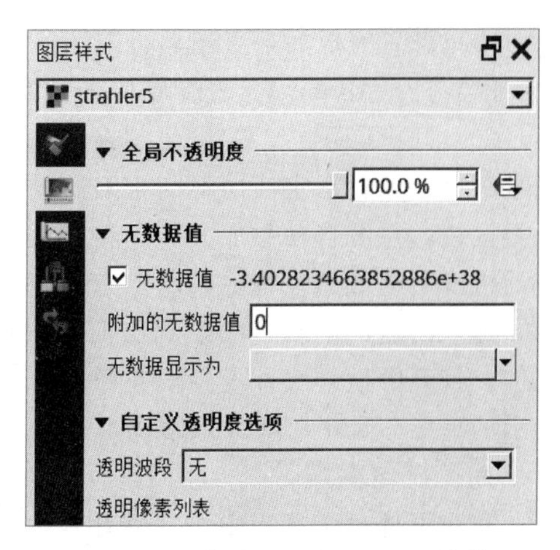

图 7-21　修改 strahler5 DEM 的值

八、描绘河流和流域

下面利用已填洼的 DEM 和 Strahler 序号描绘河流网络，利用同一个工具还会生成河流方向图层和子流域图层。

（1）在数据处理工具箱中搜索“Channel”，选择“SAGA | Terrain Analysis - Channels | Channel Network and Drainage Basin”，双击打开“Channel Network and Drainage Basin”数据处理对话框（图 7 - 22）。

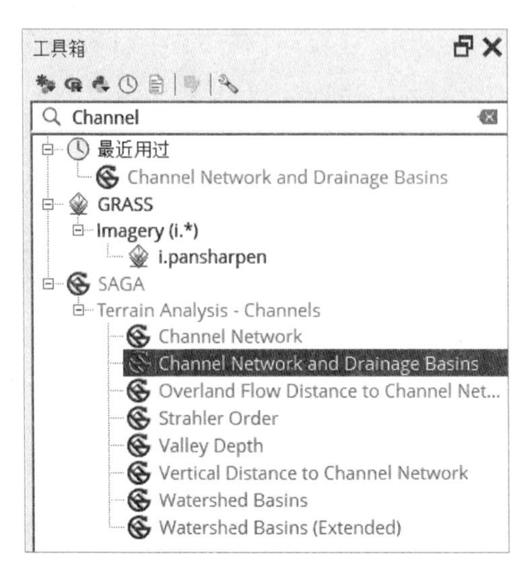

图 7 - 22 “Channel Network and Drainage Basins”工具

（2）在对话框中（图 7 - 23），将高程（elevation）设为“dem _ fill”，strahler 序号的阈值（threshold）设为 8。这意味着从 dem _ fill 中提取河流，只有 strahler 序号大于或等于 8 的溪流才认为是河流。最后，保存 3 个文件：河流流向（Flow direction）保存为“flowdir. sdat”；河道（Channels）保存为“channels. shp”；子流域（Drainage basins）保存为“basins. shp”。

（3）设置完成后，点击运行按钮。提取出河道（Channels）后，设置其显示样式。

（4）打开 Channels 的图层样式面板，设置符号化样式为“渐进”，“值”设置为“有序的（ORDER)”。符号化“方法”设置为“大小”，符号“大小”设置为从 0.3～1 毫米。上述设置指定使用不同粗细的线条表示数值，线条的粗细从 0.3～1 毫米。点击分类按钮，系统自动添加分类，将分类模式设置为“等间距”，分类个数为 3。点击符号，将线条的颜色设置为蓝色。完成设置后如图 7 - 24 所示。

提取河流的同时，已绘制出河流对应的流域，保存在 basins 中。在画布中加载该文件，打开图层样式，设置填充样式为无填充，设置描边颜色为红色，得到如图 7 - 25 所示的地图。Rur 河在鲁尔蒙德附近流入 meuse 河。

九、打包图层

在数据处理工具箱中，找到并双击“Database | 打包图层”，打开“打包图层”对话框。“打包图层”对话框的输入图层中选择“basins”和“Channels”两个图层，勾

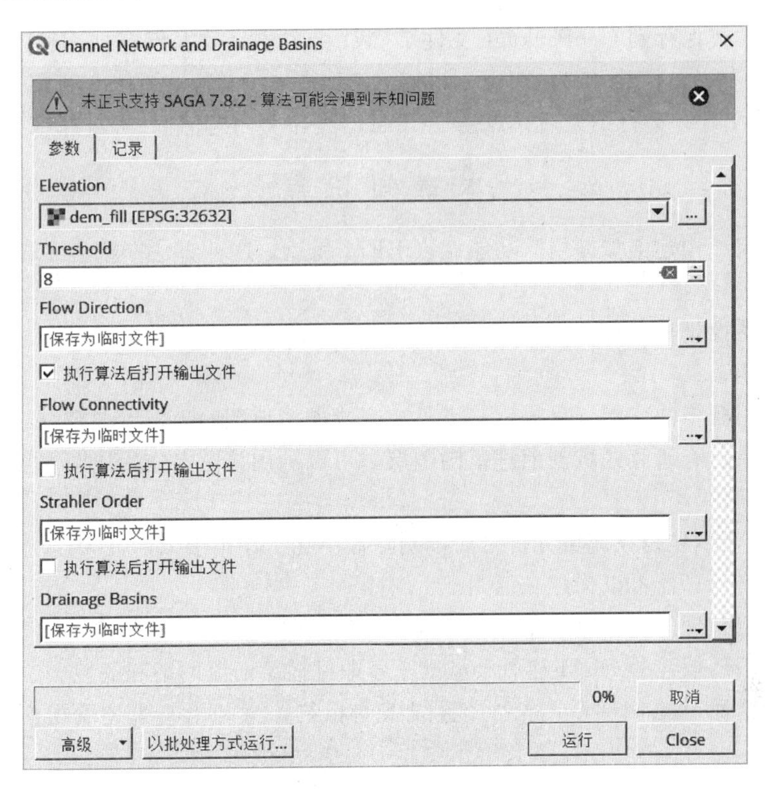

图 7－23　“Channel Network and Drainage Basins”对话框

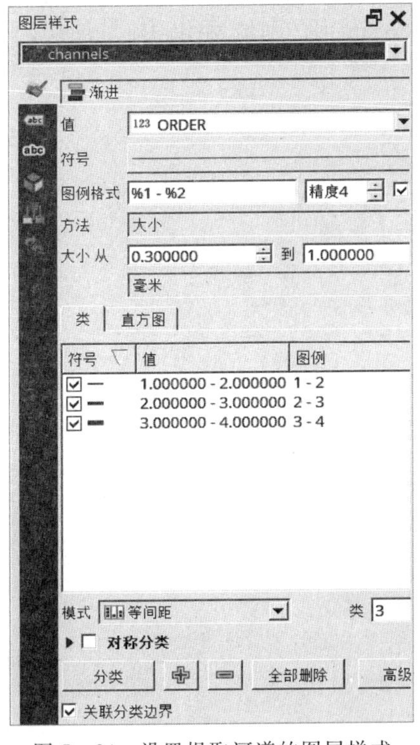

图 7－24　设置提取河道的图层样式

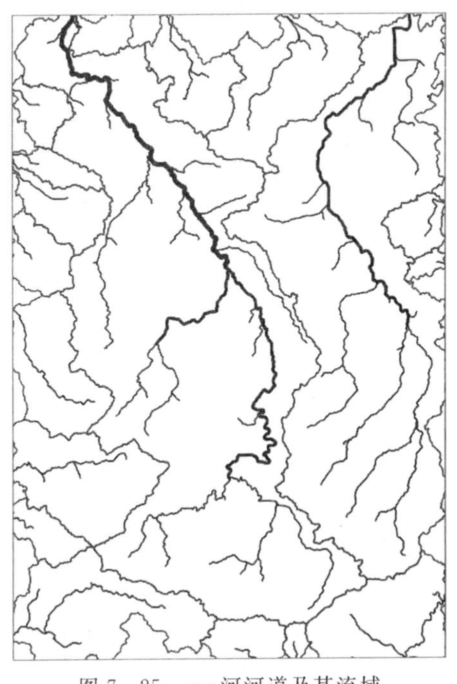

图 7－25　rur 河河道及其流域

选“将图层样式保存到 GeoPackage 文件”和“将图层元数据保存到 GeoPackage”。设置保存位置，将文件命名为“Rur _ basins”。点击运行，将上述图层打包为一个 GeoPackage 文件。运行结束后，点击“Close”按钮关闭对话框。

本章知识点

（1）使用“构建虚拟栅格”功能镶嵌 DEM 瓦片，这种方法在拼接多个栅格地图时运算速度较快。

（2）在转换坐标参照系统时，可以在网站 http：//www.spatialreference.org 上查询 EPSG 编码。

（3）使用栅格的变形（重投影）工具，完成栅格地图的坐标参照系统转换工作。

（4）如果已有研究区域的地理范围图层，可以利用该图层作为掩膜图层，对栅格地图执行裁剪操作。

（5）DEM 填洼是在流域分析之前，剔除数字化工作中引入的人为洼坑。

（6）栅格计算器可以构建二值图。

（7）确定合理的 Strahler 序号，可以使提取的河道更接近实际情景。

（8）利用已填洼的 DEM 和 Strahler 序号即可描绘河流网络和流域。

（9）依据河道的 Strahler 序号设置线条的粗细，有利于直观地看出河流的级别和宽度。

项目实践

按照教材的操作步骤，利用配套的数据，生成 rur 河的河流网络和流域图层，并将这些数据打包成 GeoPackage 文件。

第八章

网 络 分 析

第一节 引　　言

网络是一组连通或相交的线或元素。具体来讲，网络由节点（或称为顶点）和节（或者线、弧段、边）构成，节连接顶点确保其连通或相交。图是网络的抽象。如果图中的节是有方向的，则称为有向图。如果图中没有环状结构且没有多重连接（两个顶点由多条边相连），则称为简单图。河网属于简单的有方向的网络。河流网络分析可用于研究水源或上游污染物对下游的影响、物质（N）流的运输路径和水生生物的分布等。

最常用的最短路径算法是迪杰斯特拉（Dijkstra）算法，该算法是由荷兰计算机科学家迪杰斯特拉于 1959 年提出的。迪杰斯特拉算法使用有向的加权图，能够查找途中已知顶点到其他任意顶点的最短路径。

本章使用一组虚构的河流网络数据，演示进行河网分析和查找路径的步骤。渔政部门在某条河里发现了路易斯安那螯虾（the Louisiana crayfish，我国俗称小龙虾）的存在，这是一个外来入侵物种，对当地水生生物有不利的影响。为了探明小龙虾的空间分布，渔政部门决定实施一项研究。该研究使用来自于河流观测站的观测数据，探明受小龙虾影响的河段的特征，识别出哪些区域易受小龙虾的入侵，进而采取一些措施限制小龙虾的扩散。

基本研究思路为

（1）核实河流网络的一致性：包括几何形状、拓扑结构和连通性。在网络分析之前，通常要检查网络的一致性。

（2）利用观测站获取是否出现小龙虾的数据和小龙虾的潜在传播距离，以观测站为中心建立影响范围。

（3）依据河流流速对小龙虾传播的影响，确定小龙虾可能出现的河道。

（4）将以观测站为中心的潜在影响范围与小龙虾可能出现的河道相交，求得易受小龙虾入侵的河道。

第二节 操 作 步 骤

本章使用数据的坐标参照系统为 RGF93 Lambert 93，单位为米（m），投影方法为

Lambert Conformal Conic（兰伯特等角圆锥投影）。这些数据包括：

（1）rht _ false. shp：带有几何和拓扑错误的虚构河流网络，这些数据用于演示网络一致性检查过程。

（2）rht _ true. shp：虚构的河流网络数据，线。

（3）sta. shp：河流观测站数据，点。

一、网络一致性检查

在网络分析之前，应对网络数据的几何图形、拓扑结构和连通性进行检查。本节使用含有人为错误的“rht _ false. shp”文件，演示如何进行上述项目的检查和错误校正。

（一）几何图形检查

（1）打开 QGIS 软件，新建项目。在数据集 3 中，找到“rht _ false. shp”文件，加载该文件。

（2）打开“几何图形检查器”插件。几何图形检查器是一个核心插件，会随 QGIS 主程序安装，且不能卸载。要激活该插件，在插件管理器中勾选该插件即可，如图 8 - 1 所示。

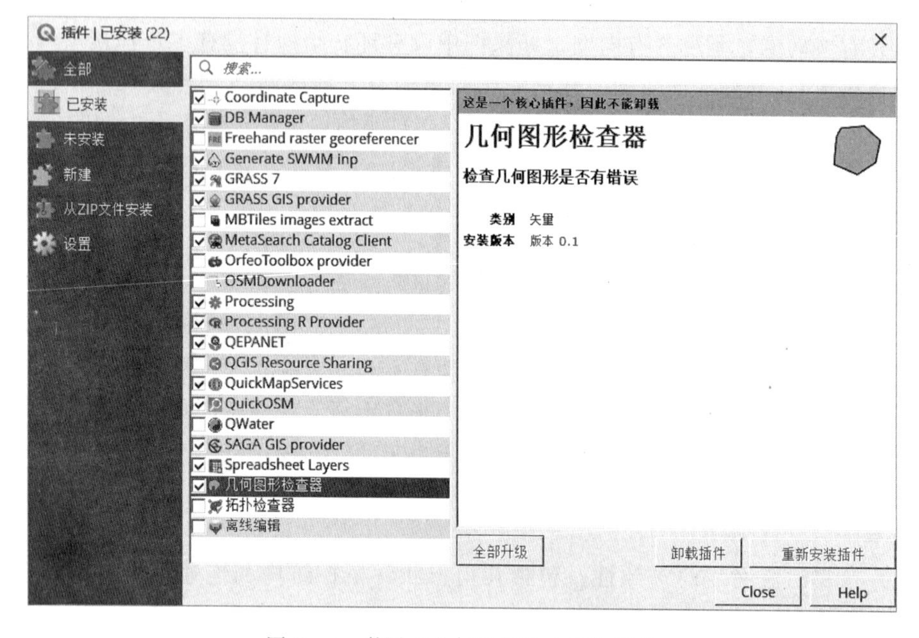

图 8 - 1 激活“几何图形检查器”插件

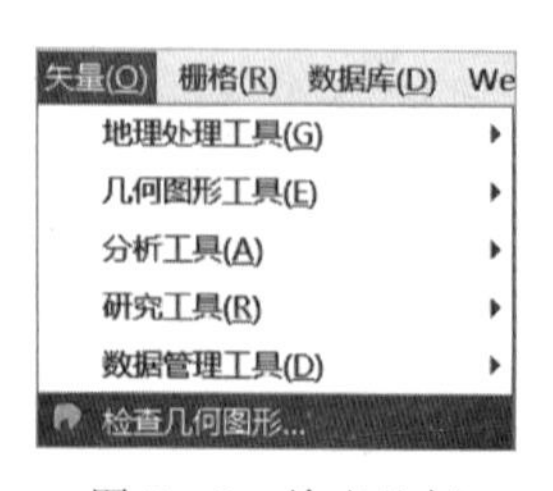

图 8 - 2 检查几何图形菜单

激活几何图形检查器插件后，在菜单栏中点击“矢量 | 检查几何图形...”，如图 8 - 2 所示，即可打开检查几何图形对话框。

（3）设置分析参数。设置输入矢量图层为“rht _ false. shp”；允许的几何图形类型设置为线；在几何图形有效性区域，勾选“自相交”和“重复结点”两项；在输出矢量图层区域，选择“新建图层”，格式设为“ESRI Shapefile”，浏览并选择输出目录，系统会给输出图层的名称中自动添加“已检查”字样。设置完成后如图 8-3 所示，点击运行按钮，执行操作。

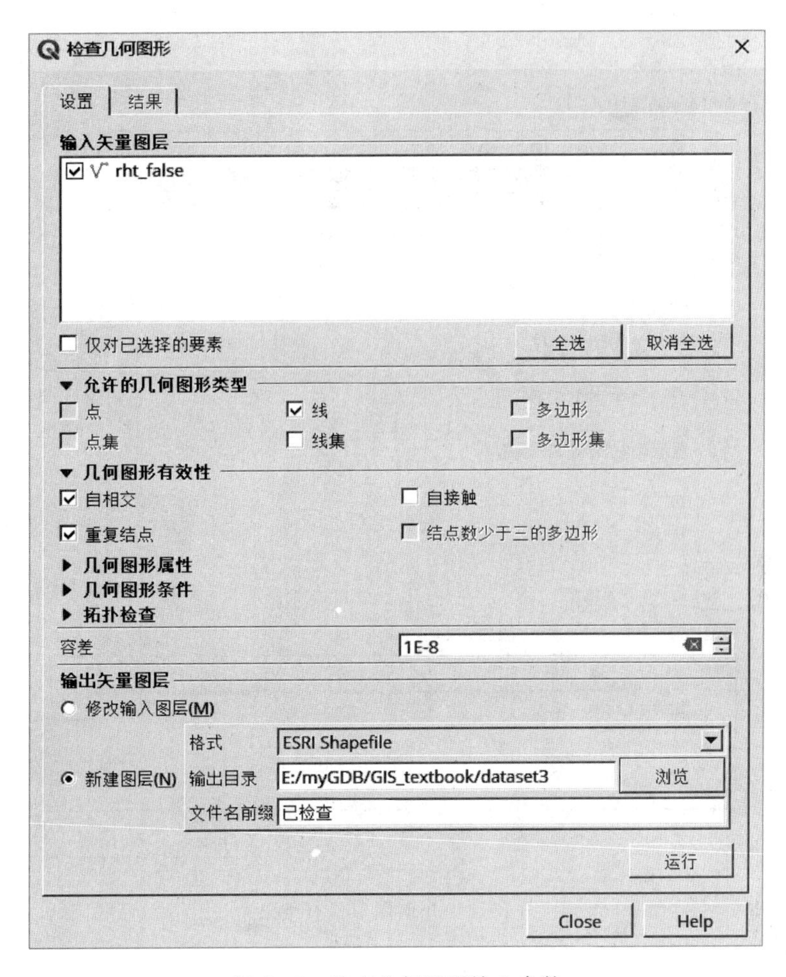

图 8-3　检查几何图形输入参数

（4）检查并修正几何错误。运行检查几何图形程序后，即自动打开结果标签，如图 8-4 所示。在“几何图形检查结果”列表中包含全部 1741 个错误，用鼠标点击其中一个错误，如对象 ID345，即可在主程序画布中突出显示该错误。

对象 ID345 是一处“自相交”错误，如图 8-5 所示。点击“修正选定的错误，提示解决方法”按钮，即可弹出“修正错误”对话框，点击“Yes”，弹出修正错误对话框。选择“将要素切割为多个单对象要素”，如图 8-6 所示。单击“修正”按钮，即可修正 ID345“自相交”错误。

重复上述步骤即可修正其他的错误。若要快速修复错误，可使用“使用默认解决办法修正选定的错误”按钮。此时，先设置“默认的错误解决方法”，如图 8-7 所示，处理“重复结点”的方法设置为“删除重复结点”，处理“自相交”的方法设为“将要素切割为多个单对象要素”，处理“几何图形类型”错误的方法设置为“若可能则转换为相应的多（部件）或单（部件）类型，否则将要素删除”。

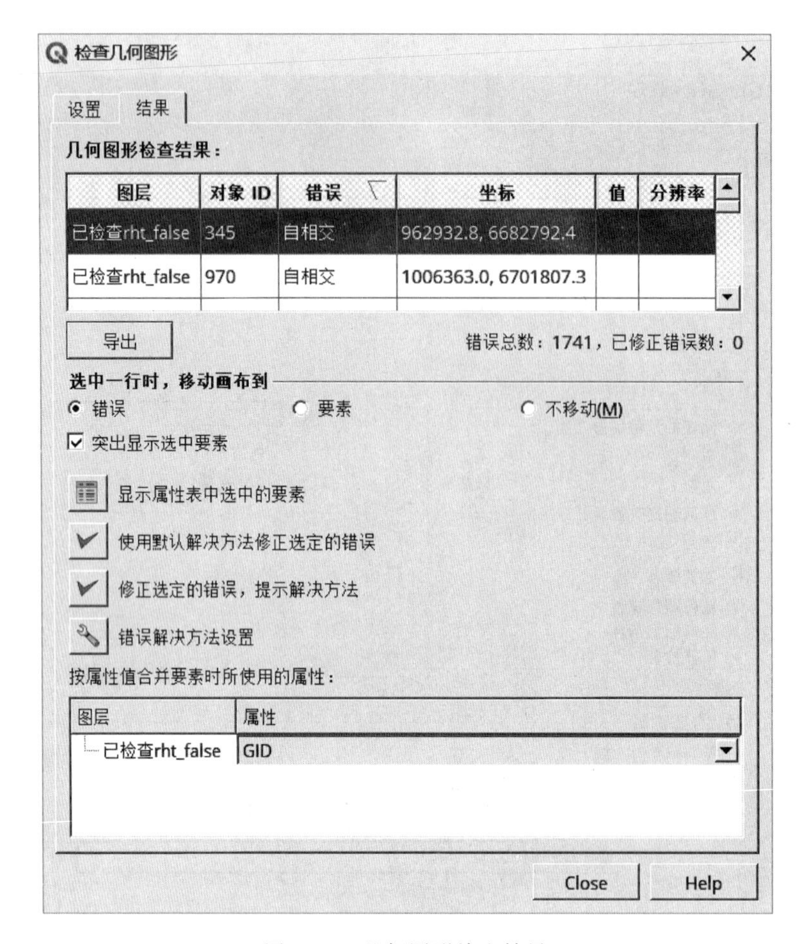

图 8-4　几何图形检查结果

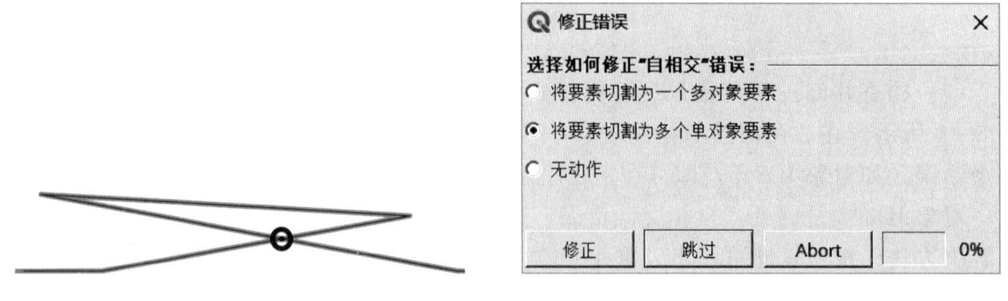

图 8-5　几何图形检查“自相交”错误　　图 8-6　“修正错误”对话框

在检查几何图形对话框的结果标签中，单击检查结果导出按钮，可导出一个几何图形错误所在位置的点图层，对比该图层和原图层可查看几何图形错误的位置。

（二）拓扑检查

（1）启用“拓扑检测器”插件，打开“拓扑检查器”面板。“拓扑检测器”也是核

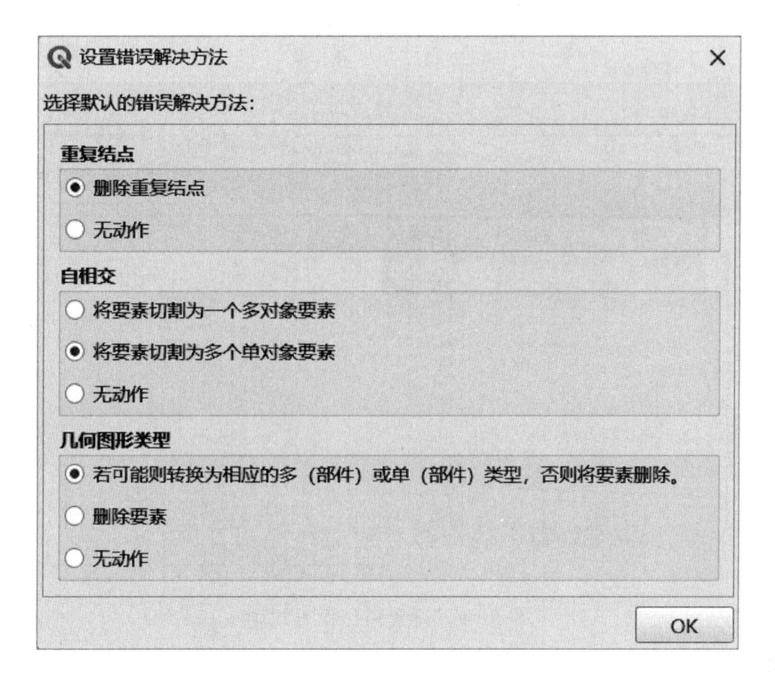

图 8－7 “设置错误解决方法”对话框

心插件，启用方法与“几何图形检查器”插件一样。启用“拓扑检查器”插件后，在菜单栏中点击“矢量｜拓扑检查器”，如图 8－8 所示，即可打开“拓扑检查器”面板。

（2）配置拓扑检查规则。常见的拓扑错误包括：线段的自相交、线的重叠、点与线的悬挂和线的伪节点，通过配置检查规则，可检查上述错误。在“拓扑检查器”面板中，单击配置按钮，打开拓扑规则设置对话框。如图 8－9 所示，在“当前规则”区域选中要进行拓扑检查的矢量图层为已进行几何图形错误检查的图层“已检查 rht _ false”，检查规则设为“不允许有重复”。单击“添加规则”按钮，将改规则添加到规则列表中。该图层不包含其他拓扑错误，因此不再添加其他检查规则。

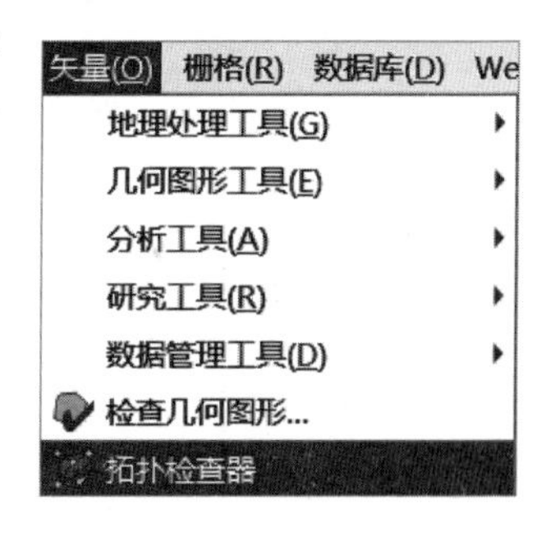

图 8－8 “拓扑检查器”菜单

（3）验证拓扑错误。设置好检查规则后，在“拓扑检查器”面板中，点击全部验证按钮，找到 1 处错误，如图 8－10 所示。

（4）编辑图层，删除错误。在图层面板中，如图 8－11 所示，右击“已检查 rht _ false”图层，点击“切换编辑模式”。此时，“已检查 rht _ false”图层前面有一个铅笔标记，可对该图层进行编辑。

在工具栏中单击“框选或单击选择要素”按钮，用鼠标在画布中点选重复的要素（该要素以突出显示），删除选定的要素。保存修改，退出编辑模式。再次进行拓扑检查，找到 0 个错误，退出拓扑检查。

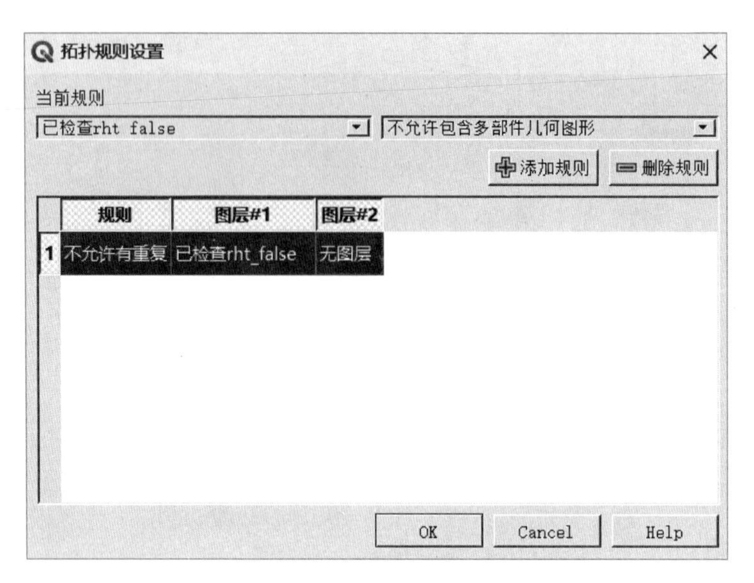

图 8-9 设置拓扑检查规则

图 8-10 拓扑检查结果

图 8-11 “切换编辑模式”命令

（三）连通性检查

Disconnected Islands 插件检查无方向网络的连通性，该插件会给每一个分离的子网一个 ID（标志符），如果子网只有一条支流，则被认为是错误的，应该删除。利用子网的属性信息，选择只有一条支流的子网，将其删除。

（1）安装并打开 Disconnected Islands 插件。使用插件管理器安装 Disconnected Islands 插件，安装完成后，如图 8－12 所示，点击“矢量｜Disconnected Islands”，打开“Disconnected Islands”对话框。

（2）输入分析参数，查找子网。在 Disconnected Islands 对话框中选择图层“已检查 rht _ false”；保持容差（tolerance）和属性名称（Attribute name）不变。属性名称是 Disconnected Islands 插件为“已检查 rht _ false”矢量文件属性表添加的一个字段的名称，该字段用于储存子网的 ID，默认命名为“networkGrp”。设置完成后如图 8－13 所示，点击 OK 完成子网查找工作。本例共找到 8 个子网，QGIS 用不同的颜色显示子网。

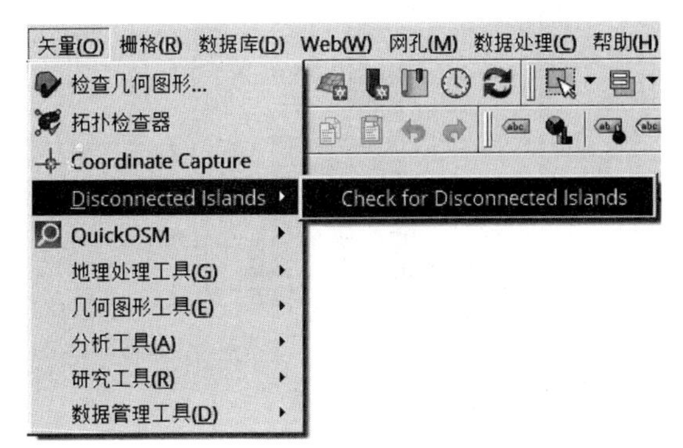

图 8－12 “Disconnected Islands”菜单

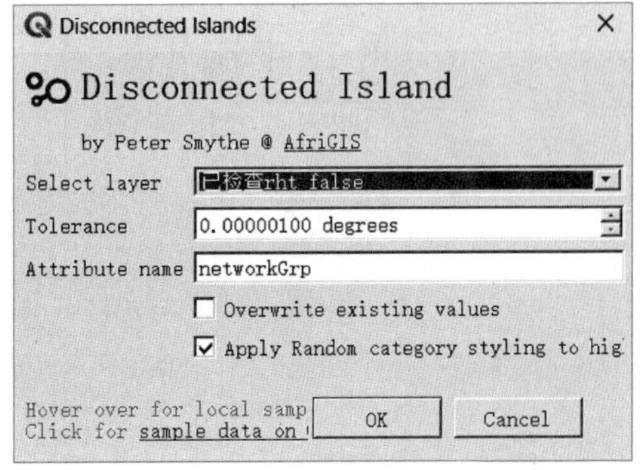

图 8－13 “Disconnected Islands”对话框

（3）删除错误的子网。如果子网只有一条支流，则被认为是错误的，应该删除。在图层面板中右击“已检查 rht _ false”图层，点击“打开属性表”，或者在工具栏点击 ▾即可打开矢量文件的属性表，查看属性信息。

在属性表中，单击“打开字段计算器”按钮，打开属性表的字段计算器对话框。使用字段计算器汇总子网线段的条数。在字段计算器对话框对话框中（图 8－14），勾选“新建字段”，将新字段命名为“Nb _ Lines”（线段的条数），字段的类型设为整型（32 位），输入字段表达式“count（“networkGrp”，“networkGrp”）”，注意必须使用英文输入法输入。Count() 是一个函数，功能与 SQL 相似。在表达式右侧的函数列表中，也可以找到该函数，具体位置在聚合｜count，点击该函数在右侧帮助栏中会看到帮助信息。表达式“count（“networkGrp”，“networkGrp”）”的含义为，计算 networkGrp 字段所包含的行（记录）；分组信息为 networkGrp，意为以 networkGrp 的唯一值进行分组。也就是，networkGrp 中值为 0、1、2、3、4、5、6、7 和 8 的行数各为多少。设置完成，点击 OK 按钮。如果属性表未开启编辑模式，字段计算器会自动打开属性表的编辑模式。

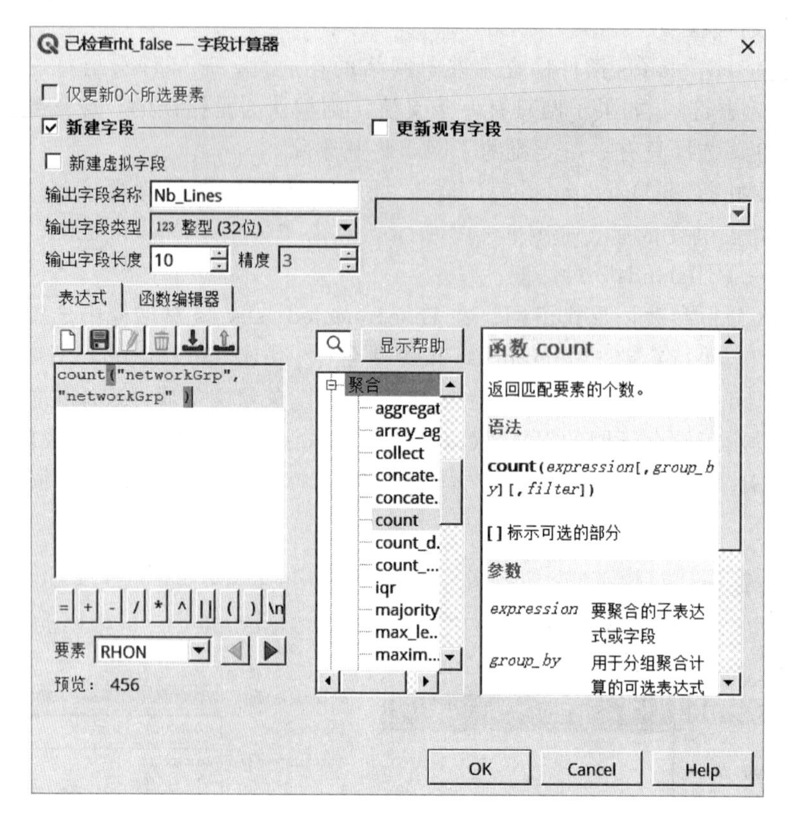

图 8-14　虚拟河网字段计算器

计算完成，查看 Nb _ Lines 的值，可知 networkGrp 中值为 4、5、6、7 和 8 的行数均为 1。行数为 1 意为子网只有一条线，要删除这些行。单击工具栏中的“使用表达式选择要素”按钮，打开按表达式选择对话框。输入表达式“"Nb _ Lines"=1”，或者在“字段和值”中找到 Nb _ Lines，双击该字段即可输入该字段，选中该字段后单击“所有唯一值”按钮，即可获得该字段的唯一值，双击这些值即可输入。输入完成后如图 8-15 所示，单击选择要素按钮，会在属性表中选择"Nb _ Lines" 字段中值为 1 的行，总共有 5 行。

在编辑模式下，单击删除按钮，即可删除选中的要素。

二、用观测站数据划定影响范围

在本例中，假定小龙虾的最远传播距离为 17 km。在观测站图层的属性表中，presence 字段代表该观测站是否出现小龙虾，1 表示出现，0 表示未出现。利用这些信息，可以出现小龙虾的站点为中心建立小龙虾的潜在影响范围。

（一）查找出现小龙虾的站点

（1）打开图层“rht _ true. shp”和“sta. shp”，在图层面板选中“sta. shp”图层，打开属性表。打开“按属性选择”对话框，输入表达式“"Presence"=1”，如图 8-16 所示。单击选择要素按钮，选中出现小龙虾的站点。

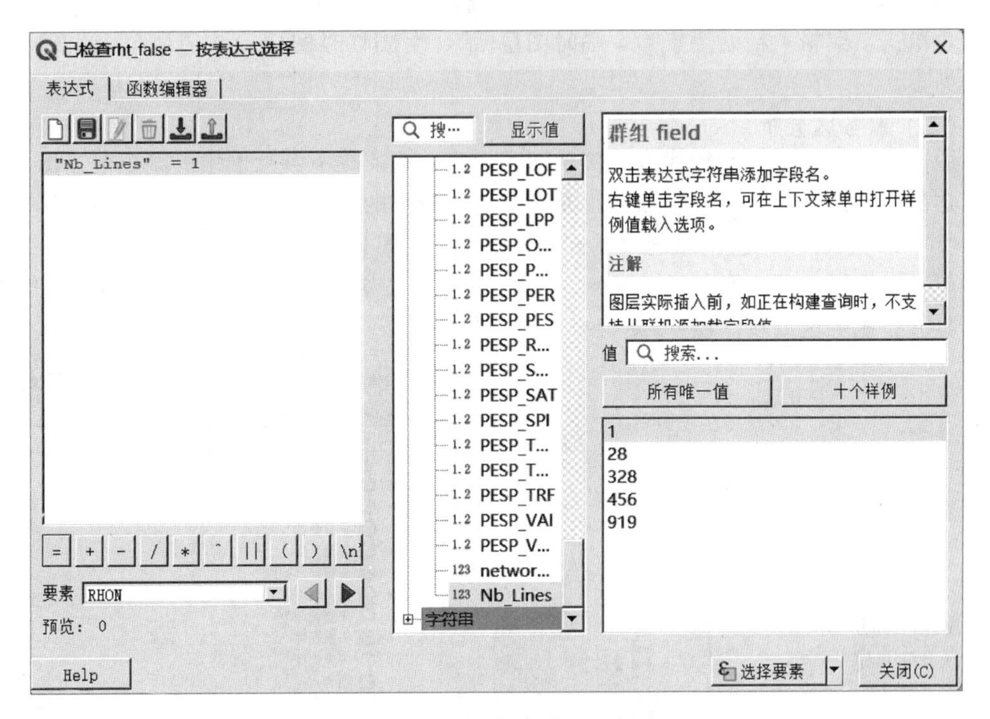

图 8－15　选择只有 1 条支流的河网

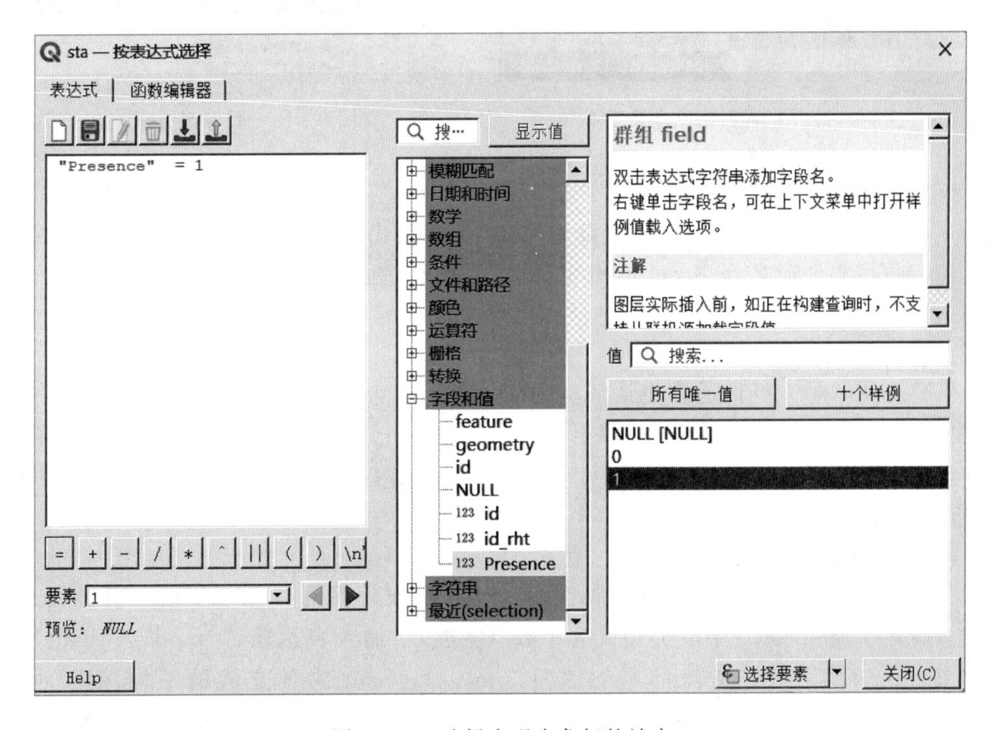

图 8－16　选择出现小龙虾的站点

（2）单击菜单栏“编辑｜复制要素”，复制选中的出现小龙虾的站点。如图 8-17 所示，单击“编辑｜粘贴要素为｜临时图层...”，生成临时图层，该图层包含出现小龙虾的站点。

（二）服务区分析

服务区是指在给定路径成本（例如河道长度）的前提下，从网络的某个节点出发所能到达的网络的子集。某个站点的小龙虾可以向河流的上游或下游移动，其最大移动距离为 17km，它可以到达网络的哪些部分？这个问题可以用服务区分析来解决。

（1）在数据处理工具箱中，找到“网络分析｜服务区（从图层）”，如图 8-18 所示，打开“服务区（从图层）”对话框。

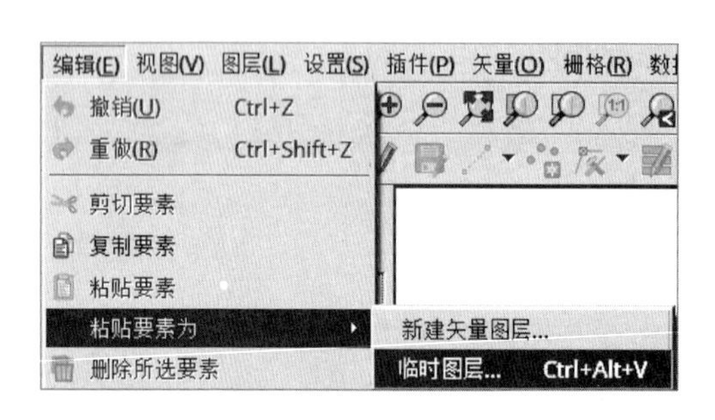

图 8-17　复制和粘贴要素菜单

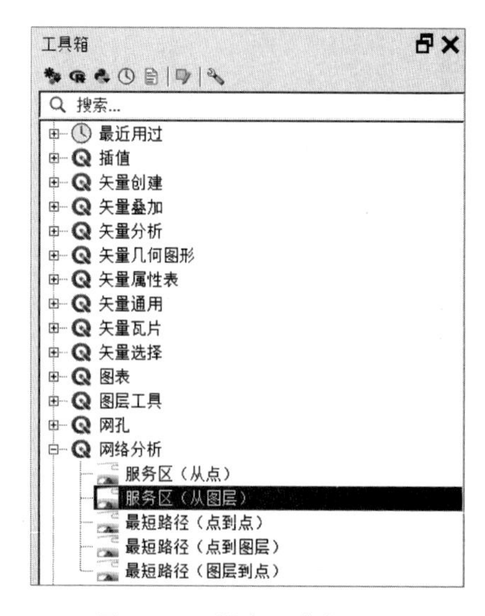

图 8-18　服务区分析工具

（2）设置描绘网络的矢量图层为“rht _ true. shp”，包含起始点的矢量图层为临时图层（名为“已粘贴”），出行成本设为 17000m，输出图层“服务区（线）”设为保存到文件，并将文件命名为“temp _ line. shp”。设置完成后如图 8-19 所示，单击运行建立名为“temp _ line. shp”的服务区。

三、计算河流流速

研究表明，小龙虾的适宜生活环境为河流流速<0.5m/s 的河段，依据河流流速可划定易受小龙虾影响的河道。在图层“rht _ true. shp”的属性表中无河流流速信息，但是包含河流流量（mod）、河道深度（haut）和河道宽度（larg）信息，利用这些信息可以计算河流流速。

（一）添加河流流速字段

打开图层“rht _ true. shp”的属性表，打开字段计算器，在“字段计算器”对话框中，新建字段 speed，字段类型设为小数（实型），输入表达式“"mod"/("haut" * "larg")”。mod 为河流各支流的平均流量（m^3/s），haut 为各支流的平均深度（m），larg 为各支流的平均宽度（m）。参数设置完成后，如图 8-20 所示，点击 OK 计算各支流的平均流速。

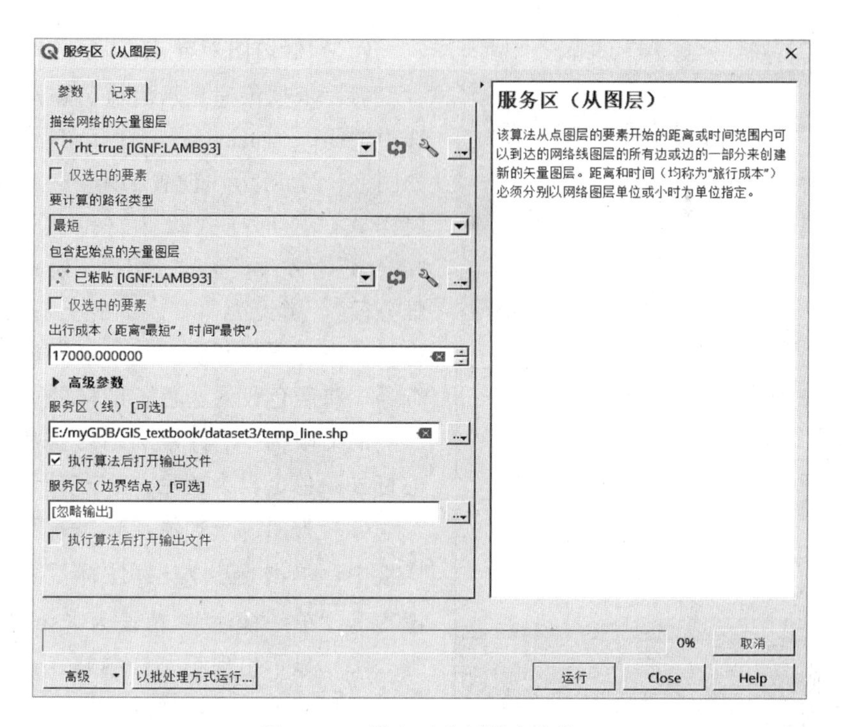

图 8－19　服务区分析输入参数

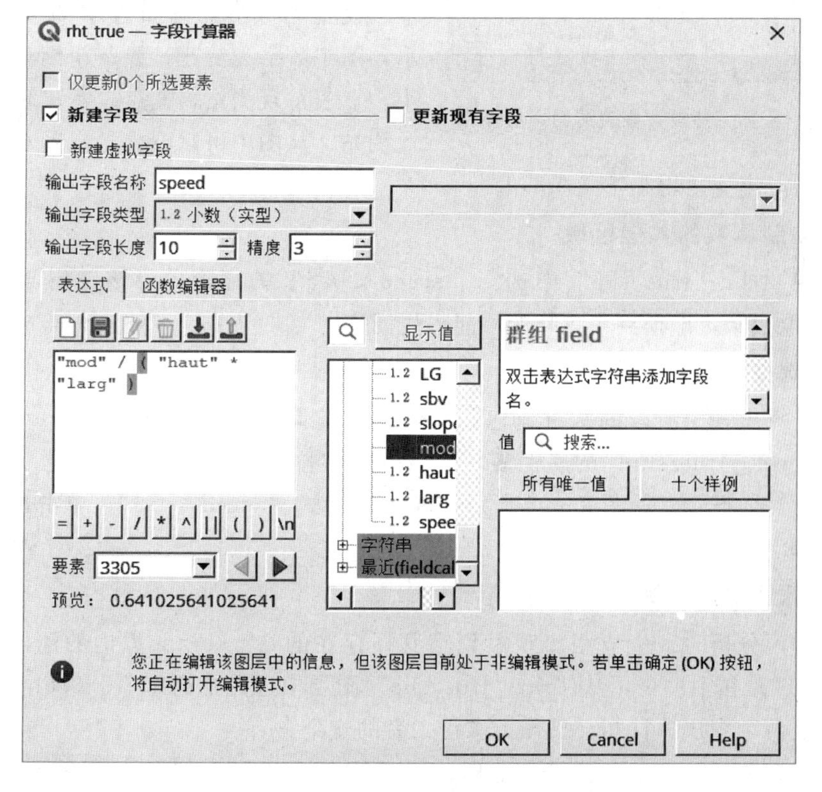

图 8－20　计算河流流速界面

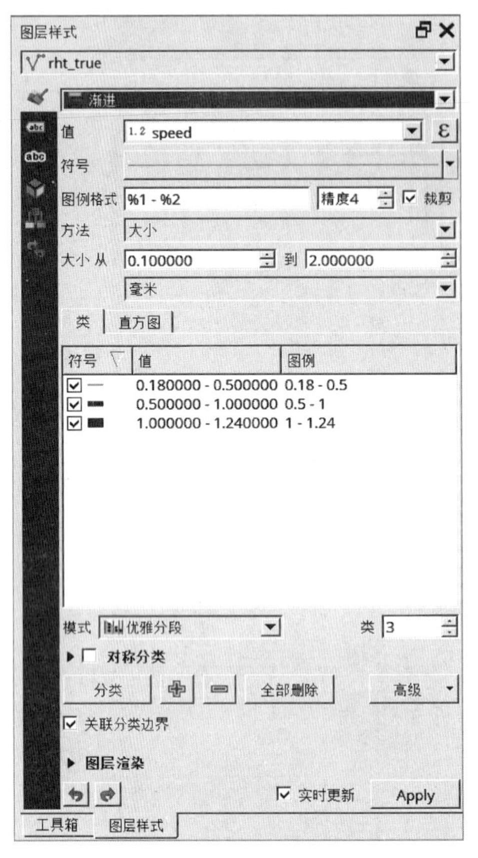

图 8-21 依据流速设置虚拟河网图层样式

(二) 修改图层样式

(1) 依据流速显示河流。在图层面板中选中“rht _ true. shp”，打开图层样式样板。如图 8-21 所示，设置 rht _ true. shp 的图层样式，显示样式设为“渐进”，值设为“speed”，方法设为“大小”，模式设为“优雅分段”，类设为“3”。单击类列表中的值，将第一类的上限设为 0.5；单击类列表中的符号，将颜色设为蓝色。同样的方法设置第二类的上限为 1，符号颜色为蓝色，第三类的符号颜色也设为蓝色。

(2) 为河流添加流速标签。在图层样式样板中，单击 打开标注标签页，将标注设置为“单一标注”，值设为“speed”。

(3) 显示出现小龙虾的站点。选中站点图层，打开图层样式样板，设置显示样式为“分类”，值设为“Presence”。

设置完成后，画布显示如图 8-22 所示，图中数字为流速，线条粗细表示流速大小，点表示观测站，蓝点表示出现小龙虾的观测站。从图中可以看出，出现小龙虾的观测站所在的河流流速均小于 0.5m/s。

四、绘制真实的入侵区域

在图层“rht _ true. shp”中选择“speed<0.5”的河道，将该图层与“temp _ line. shp”取交集，即得到小龙虾的可能入侵河道。

(一) 选择小流速河段

已经计算出各个河段的水流流速，利用属性查询功能选择流速小于 0.5m/s 的河段。打开“rht _ true. shp”的属性表，然后打开“按表达式选择”对话框。在“按表达式选择”对话框中，如图 8-23 所示，输入表达式“speed<0.5”，单击选择要素按钮，选择 33 个要素。

(二) 求图层的交集

在服务区分析时，生成距离观察到小龙虾存在的站点 17km 以内的河段，命名为“temp _ line”。在上一步，从“rht _ true. shp”图层中选择了流速小于 0.5m/s 的河段。现在需对这两个图层执行相交操作，求得二者的交集。

(1) 在菜单栏，点击“矢量 | 地理处理工具 | 相交...”，如图 8-24 所示，打开图层叠加中“相交”对话框。

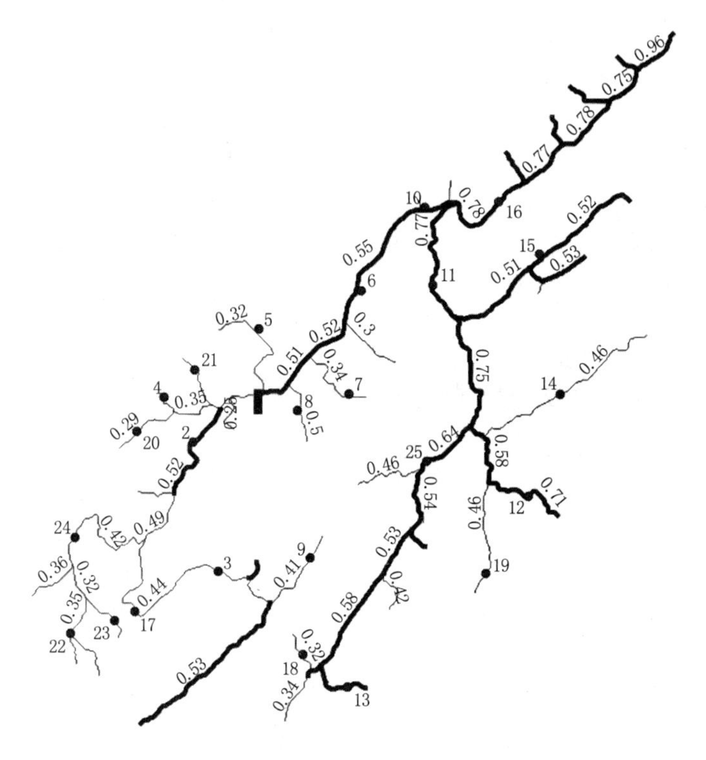

图 8-22　显示虚拟河网的流速和观测站标签

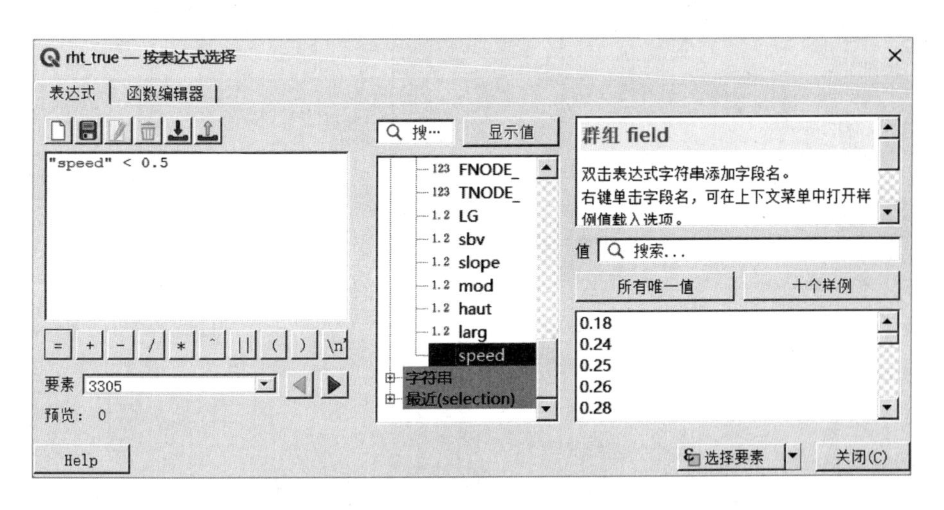

图 8-23　选择小流速河道

（2）在相交对话框中，设置输入图层为“temp _ line”，设置叠加图层为“rht _ true”，勾选“仅选中的要素”，展开高级参数将网格大小设为 10，输出图层设为“保存到文件”，将该文件命名为“expansion _ area. shp”。设置完成后如图 8-25 所示，点击运行执行图层相交操作。

图 8-24　空间相交菜单

（三）融合图层

理论上，小龙虾不会越过流速大于 0.5m/s 的河道，因此前面相交得到的河道并非真实的入侵区域。如果两条河段间存在流速大于 0.5m/s 的河段或者有间隙，则小龙虾不会在这两条河段间传播。另外，上述操作得到的河流线段是独立的，使用 Disconnected Islands 插件和要素融合操作，将相互连通的线段融合在一起，绘制真实的入侵区域。

（1）打开 Disconnected Islands 插件，将"选择图层（select layer）"设置为"expansion _ area"，保持"属性名称（attribute name）"不变。点击"OK"按钮，插件会在 expansion _ area 图层属性表的尾部添加一个名为"networkGrp"的字段（列）。

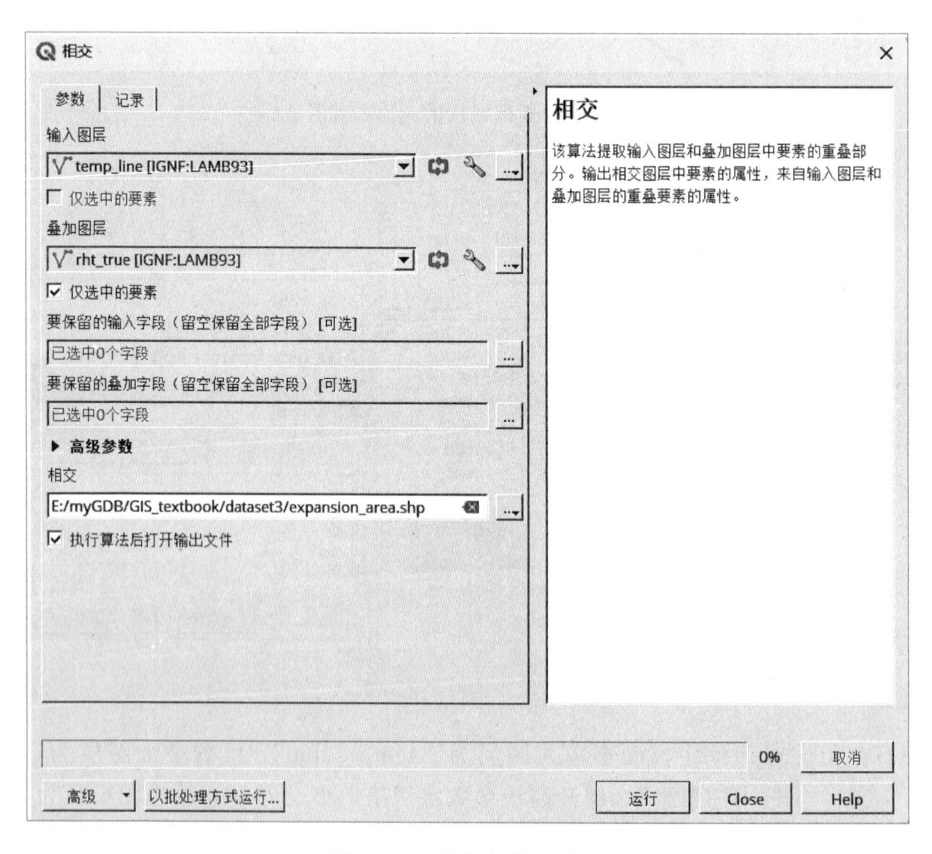

图 8-25　空间相交对话框

（2）在数据处理工具箱中，打开“矢量几何图形｜融合”，启动“融合”对话框。输入图层设置为“expansion _ area”，融合字段设置为“networkGrp”，将融合后的图层保存到文件，命名为“real _ expansion _ area. shp”。如图 8 - 26 所示，点击运行按钮。

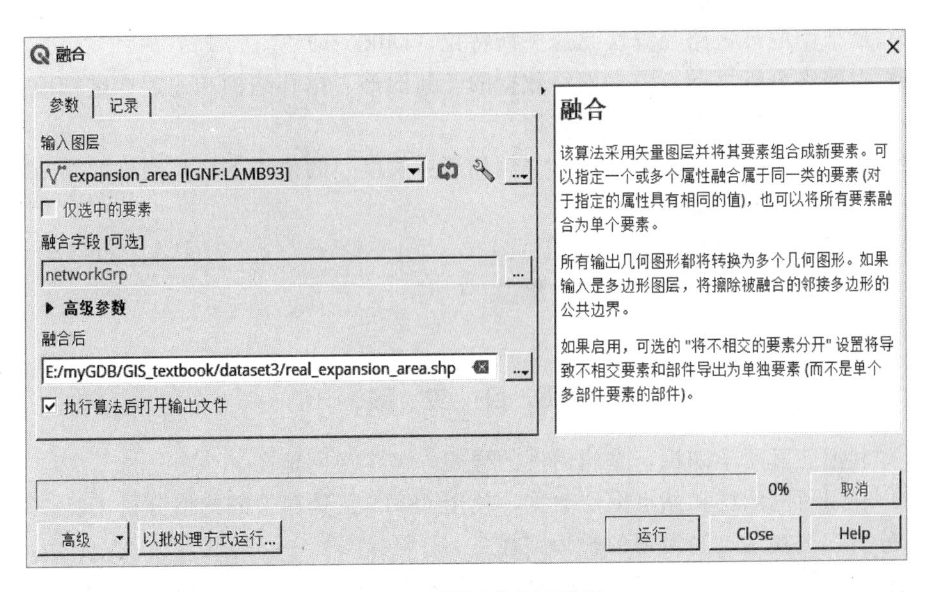

图 8 - 26　图层融合对话框

融合后的图层如图 8 - 27 所示，在图中站点 22、23、17、3 和 24 附近的河道受小龙虾入侵的影响，站点 20、4、21 和 5 附近的河道虽然在 17 km 以内的潜在危害区，但是中间河道的流速大于 0.5m/s，阻碍了小龙虾的传播，不宜受小龙虾入侵。

图 8 - 27　融合后的小龙虾入侵危害图层

本章知识点

（1）网络由节点（或称为顶点）和节（或者线、弧段、边）构成，节连接顶点确保其连通或相交。

（2）河网属于简单的有方向的网络（图）。

（3）最常用的最短路径算法是迪杰斯特拉（Dijkstra）算法。

（4）在网络分析之前，应对网络数据的几何图形、拓扑结构和连通性进行检查。

（5）矢量数据属性表的编辑和查询。

（6）服务区是指在给定路径成本（例如河道长度）的前提下，从网络的某个节点出发所能到达的网络的子集。

（7）网络服务区分析。

（8）按空间位置求图层元素的交集。

（9）图层元素的融合。

项目实践

（1）利用前面所学知识，编辑河网的样式，制作河网地图。

（2）利用河网图层和站点图层数据，使用 QGIS 工具箱中的网络分析工具，进行最短路径分析，查找站点间沿河的最短路径。

（3）利用河网图层和站点图层数据，使用插件 QNEAT3 进行 OD 成本矩阵分析。

（4）使用插件 Flow Trace 查找某条支流的上游河道和下游河道。

第九章

制作干旱地图

第一节 引　言

本章主要介绍遥感图像分析和栅格计算器的使用。

在半干旱地区，干旱是一种经常发生的现象，给农作物带来了严重的问题，并对粮食安全构成了实质性的威胁。受气候变化和极端天气现象频发的影响，干旱的危害在世界各地将加重。不同类型的干旱有：气象干旱，降水量长期低于平均水平；农业干旱(即作物缺水)，如果采用不恰当的农业措施，即使在正常降雨的情况下也可能发生这种情况；水文干旱，地下水和其他水库的水储量低于平均水平。

前人提出多种不同类型的干旱指数，对气象干旱进行了深入研究。一般来说，这些指数使用现场降雨量数据。在现场气象站非常密集的地区，干旱状况可以用插值法（见第六章）获得，此时只有很小的误差。对于气象站较少的地区，插值法无法确保对干旱状态进行精确的描述。

在没有气象站的地区，这个问题更为复杂。因此，在过去的 20 年里，科学家们提出了各种新的方法来估计干旱状况，基本上是基于对光学卫星图像时间序列得出的统计异常的分析。由于其时空覆盖范围广，光学遥感在植被动态监测方面显示出巨大的潜力。在该领域应较多的指数是归一化植被指数（NDVI）。该指数是表面光谱中红色和近红外光之间对比反射率的表达，是一个容易使用的量，可以与绿色植被覆盖率或植被丰度联系起来。NDVI 对绿色植被很敏感，在植被的分布和潜在光合活性研究中应用较广。在该指数的时间演变中检测到的统计异常可能与干旱事件直接相关。

在本章中，使用基于 NDVI MODIS 图像时间序列的干旱指数，以 250m 的空间分辨率监测法国的干旱。目的是展示如何使用 QGIS 软件绘制干旱地图。在实际项目开始之前，先了解一些关于遥感图像的背景知识，然后再介绍完成该项目的基本思路。

一、遥感图像基本知识

遥感（remote sensing）是一种利用反射射线或信号对地球的特征或者地球上物体的特征进行非接触、远距离测量的技术，这些射线或信号可以由仪器发出（主动遥感），然后被反射回仪器，也可以由太阳或目标物自身发出（被动遥感），被仪器感知。射线一般指的是电磁辐射（Electromagnetic Radiation，EMR），不同物体对不同波长的

EMR 反射率存在差异，通过比较观测到的反射率与典型反射率的差异，就可以识别物体。

通常，反射的 EMR 被分成不同的波长范围来测量，波长范围被称为波段（Bands）。反射的 EMR 被转化为图像，这种图像中的每个像元对应一个离散值（discrete number，DN）称为 DN 值。对于 8 位的 DN 而言，这些数值的取值是 0～255 范围内的整数。

遥感图像的主要特征包括：

（1）空间分辨率（Spatial resolution）：像元（像素）所代表的地面范围的大小。对于 Landsat 图像而言，每个像元对应的地面区域是 30m×30m。本项目使用的 MODIS 图像空间分辨率为 250m。

（2）光谱分辨率（Spectral resolution）：可以被探测的最小波长间隔。高光谱分辨率图像包含更多的波段，因此能够获取更多的信息以进行制图和生物物理学特性分析。

（3）辐射分辨率（Radiometric resolution）：是指传感器区分地物辐射能量细微变化的能力，即传感器的灵敏度。反应仪器对亮度变化的鉴别力。

（4）时间分辨率（Temporal resolution）：在同一区域进行的相邻两次遥感观测的最小时间间隔。本项目使用的 MODIS 图像空间的时间分辨率为 16d。

二、分析流程

本项目使用包含植被指数的 MODIS 产品 MOD13Q1 绘制干旱地图。该产品提供植被指数图像，时间分辨率为 16d，空间分辨率约为 250m×250m。MOD13Q1 的投影系统为正弦投影。

MOD13Q1 图像包含多个波段，其中波段 1（band1）为 NDVI 信息，波段 3 提供了该指数的质量和可靠性信息。为了便于操作，先将每个 MDO13Q1 图像的 NDVI 波段（波段 1）分离出来，构建单个波段图像。在这个 NDVI 单波段图像中，数据质量不可靠的像素均被赋值为 No Data。

土地覆盖地图的空间分辨率为 30m×30m，该地图用于确定受干旱影响地区的农业、城市和森林面积。土地覆盖地图的投影系统是 Lambert 93。

使用植被状态指数（Vegetation Condition Index，VCI）描述干旱状况。VCI 由一个时间序列的 NDVI 计算，计算公式如下：

$$VCI_t = 100 \times \frac{(NDVI_t - NDVI_{min})}{(NDVI_{max} - NDVI_{min})} \tag{9-1}$$

式中 VCI_t——第 t 天的 VCI；

$NDVI_t$——第 t 天的 NDVI；

$NDVI_{min}$——时间序列中最小的 NDVI；

$NDVI_{max}$——时间序列中最大的 NDVI。

如果 VCI≤20%，则认为是中度以上干旱；如果 VCI>20%，则认为无干旱。

分析所用到的数据：3 张 NDVI 栅格图，1 张研究区矢量图。项目实践中还需要 1 张土地覆盖栅格图。

分析步骤如下：

本项目分析 2003 年 8 月下半月的干旱情况，选定时间序列为 2000—2017 年，最终产品是 2003 年 8 月下半月的干旱区域分布地图。卫星图片间隔是 16d，所以 1 个月最多只能获取两次干旱地图。

（1）选定时间序列为 2000—2017 年，计算最大 NDVI 和最小 NDVI。这一步可以忽略，生成 3 张图即可。2003 年 8 月一张图在 8 月 13—29 日之间，系列中最小值一张图，最大值一张图

（2）计算 2003 年 8 月的 VCI 干旱指数。使用“France. shp”裁剪图像，并由 32 位浮点数转换为 16 位整型。转换投影坐标系统为 EPSG：2154。

（3）转换成二值图像：DN 值≤20%为 0，DN 值>20%为 1。

（4）众数滤波，滤波是为了获得大的均一性的区域。使用 SAGA 进行滤波。

（5）描绘干旱区，并将栅格图转矢量图。

第二节 操 作 步 骤

一、准备单波段 NDVI 图像

从 ECHO Reverb 网站，下载 MODIS 图片。研究区域为法国，需要四个 MODIS 瓦片图像才能覆盖整个法国。指定产品为“MOD13Q1”，指定 MODIS 采集的开始日期（01/01/2000）和结束日期（23/05/2017）。下载所需的全部 MOD13Q1 图片。MOD13Q1 图像由 12 个波段组成，只需要波段 1 的数据，该波段为 NDVI 数据。

首先，提取波段 1，生成单个波段 NDVI 图像（“. tif”格式）。用波段 3 的数据判断波段 1 的数据质量，将波段 1 中的不可靠数据设为“No DATA”。然后，找到时间序列（2000—2017 年）中最小和最大 NDVI 值图像，命名为“ndvi _ min”和“ndvi _ max”。最后，找到 2003 年 8 月下半月的 MODIS 图像，该图像对应于 2003 年 8 月 13—29 日合成的 NDVI MODIS 图像。

为了简化操作，省略了上述步骤，直接给出 3 张单个波段 NDVI 图像，分别为：“ndvi _ min. tif”，时间序列中最小 NDVI 值图像；“ndvi _ max. tif”，时间序列中最大 NDVI 值图像；“ndvi2003. tif”，2003 年 8 月下半月的 NDVI 图像。

二、计算 VCI

（1）打开 QGIS，新建工程，导入 3 张单个波段 NDVI 图像：“ndvi _ min. tif”“ndvi _ max. tif”和“ndvi2003. tif”。

（2）在菜单栏单击“栅格 | 栅格计算器”，打开栅格计算器。

（3）在栅格计算器对话框中输入表达式：“100 * (("ndvi2003@1"-"ndvi _ min@1")/("ndvi _ max@1"-"ndvi _ min@1"))”。在输出图层中选择保存位置，将文件命名为“VCI _ 20030829. tif”。输入完成后，如图 9-1 所示，点击“OK”按钮，完成栅格计算。

三、裁剪研究区域

计算的 VCI 图像（VCI _ 20030829. tif）地理范围大于研究区域，使用“France. shp”对其进行裁剪，以减少后续的计算时间。

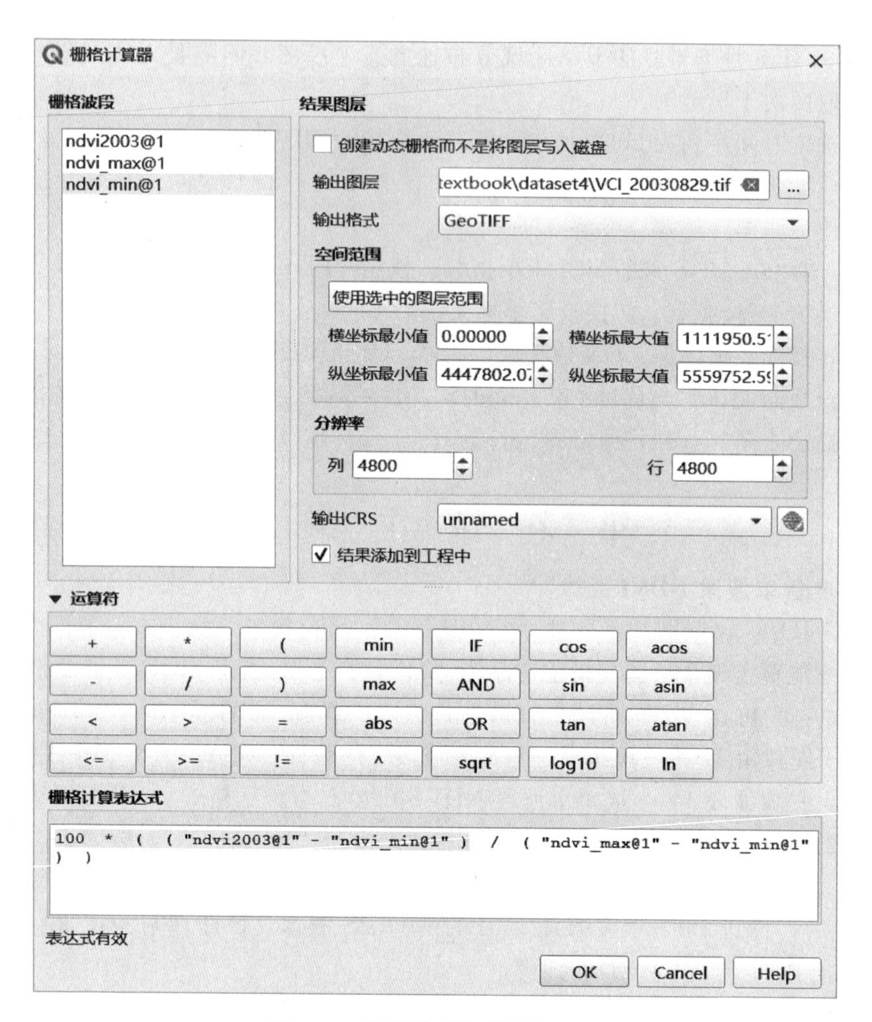

图 9 - 1 用栅格计算器计算 VCI

(1) 在菜单栏单击“栅格 | 提取 | 按掩膜图层裁剪栅格...”，如图 9 - 2 所示，打开“按掩膜图层裁剪栅格”对话框。

(2) 在“按掩膜图层裁剪栅格”对话框中，输入图层设为“VCI _ 20030829. tif”，掩膜图层设为“France. shp”。展开“高级参数”，将输出数据类型设为“Int16”。输出图层（已裁剪（掩膜））设为保存到文件，选择保存位置并将文件命名为“VCI _ 20030829 _ clip. tif”。参数设置完成后如图 9 - 2 所示，单击运行完成裁剪和数据类型转换。

四、重投影研究区域

“VCI _ 20030829 _ clip. tif”图层的坐标参照系统为“未知”，需要为其指定坐标参照系统。在前面的介绍中，已经知道 MOD13Q1 的投影系统为正弦投影，土地覆盖地图的坐标参照系统是“RGF93/Lambert - 93（EPSG：2154)”，将项目中所有数据的坐标参照系统全部修改为 EPSG：2154。

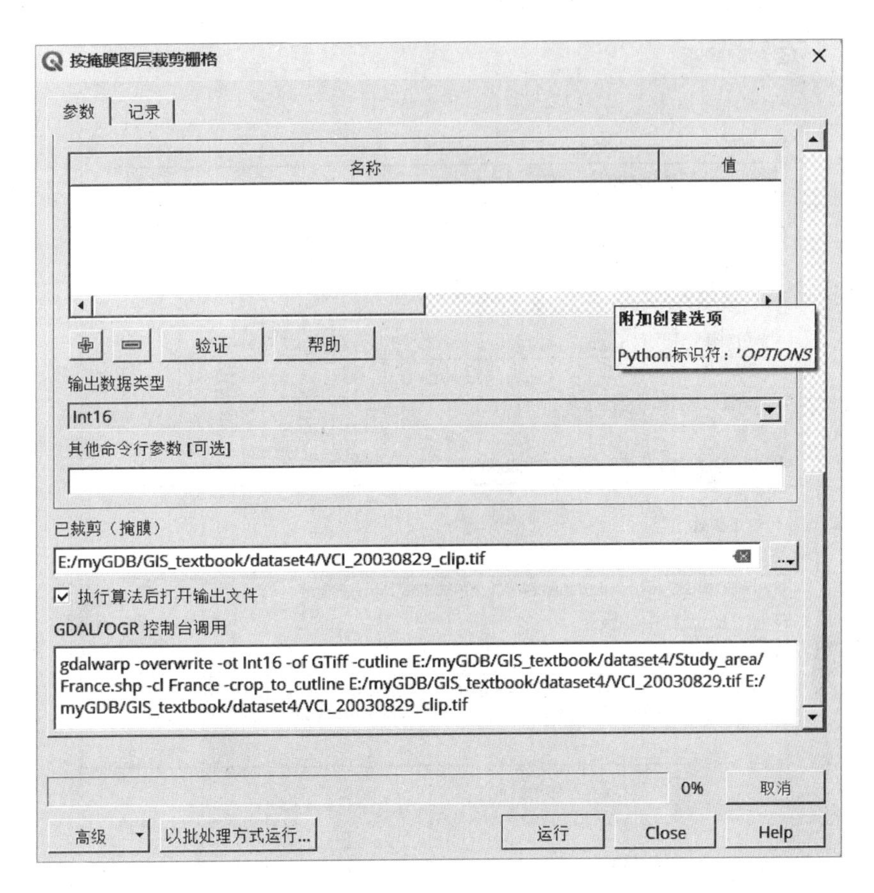

图 9－2　裁剪 VCI 图像

（1）在菜单栏，单击“栅格｜投影｜变形（重投影)...”，如图 9－3 所示，打开“变形（重投影)”对话框。

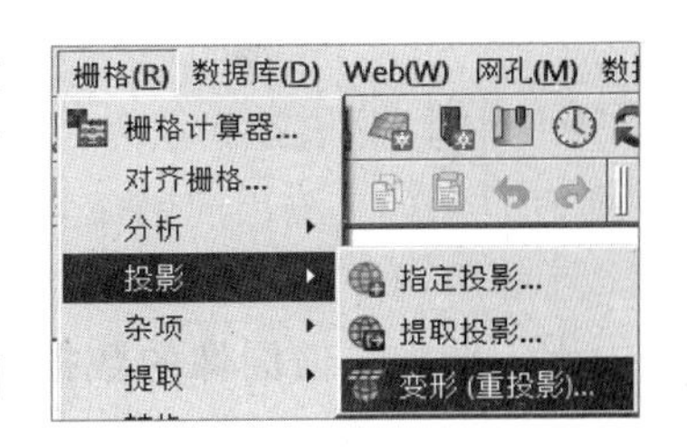

图 9－3　栅格重投影菜单

（2）在“变形（重投影)”对话框中，设置输入图层为“VCI _ 20030829 _ clip. tif”。点击目标 CRS 右侧的选择 CRS 按钮，将目标 CRS 设为 EPSG：2154。输出图层（重投影）设为保存到文件，选择保存位置，将文件命名为“VCI _ 20030829 _ clip _ rgf93. tif”。设置完成后如图 9－4 所示，点击运行按钮，完成 CRS 转换。

五、生成二值图像

如果 VCI≤20%，则认为是中度以上干旱；如果 VCI>20%，则认为无干旱。依据上述规则，需要将“VCI _ 20030829 _ clip _ rgf93. tif”转化为二值图像。在二值图像中，1 表示 VCI>20%，土地无干旱；0 表示 VCI≤20%，土地干旱。使用栅格计算器来转换二值图像。

参照前面的操作，打开栅格计算器。输入表达式“"VCI _ 20030829 _ clip _ rgf93

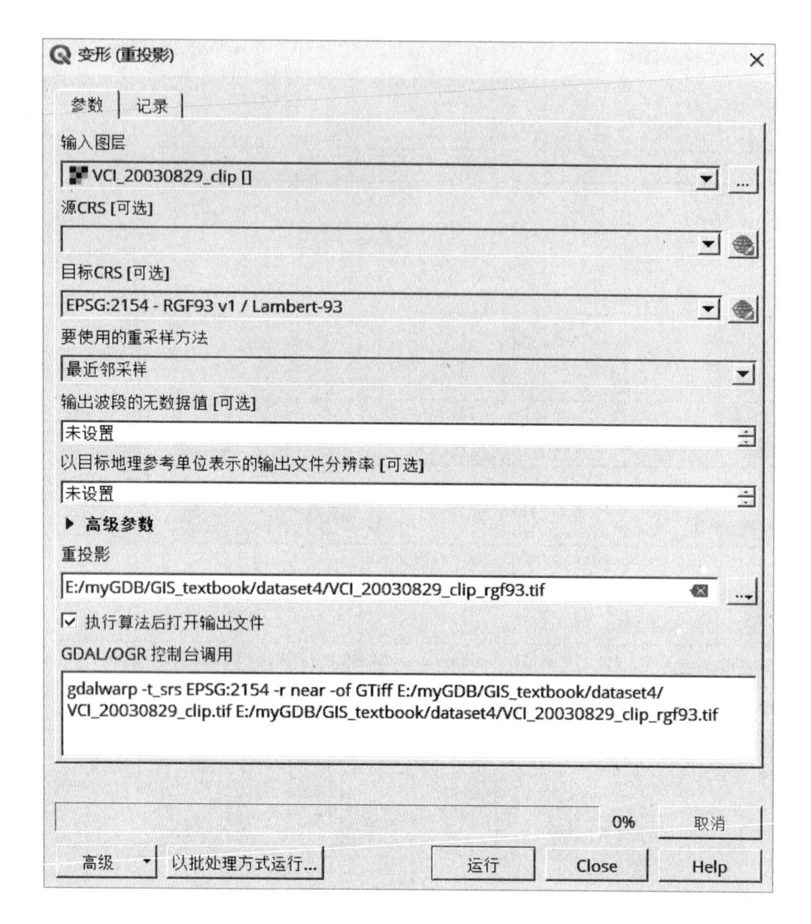

图 9-4 重投影 VCI 栅格图

@1" > 20"，该表达式意为当"VCI_20030829_clip_rgf93"图像波段 1 中的值大于 20 则为 1（真）。输出图层命名为"VCI_20030829_c01.tif"。设置完成后如图 9-5 所示，点击"OK"按钮。

六、转换二值图像的数据类型

生成的二值图像（VCI_20030829_c01.tif）的数据类型为 32 位浮点型（Float32），为了加速数据处理过程，将其转换为 16 位整型（Int16）。

在菜单栏，点击"栅格｜转换｜转换（格式转换）..."，如图 9-6 所示，打开"转换（格式转换）"对话框。

在"转换（格式转换）"对话框中，输入图像为"VCI_20030829_c01.tif"，在"将指定的无数据值分配给输出波段"栏中填入"−32768"，展开"高级参数"，将输出数据类型设为"Int16"。输出图像命名为"VCI_20030829_c01_int.tif"。设置完成后如图 9-7 所示，图片未能显示出全部参数，需要检查 gdal 命令如下：

```
gdal_translate -a_nodata -32768.0 -ot Int16 -of GTiff E:\myGDB\GIS_textbook\dataset4\VCI_20030829_c01.tif E:/myGDB/GIS_textbook/dataset4/VCI_20030829_c01_int.tif
```

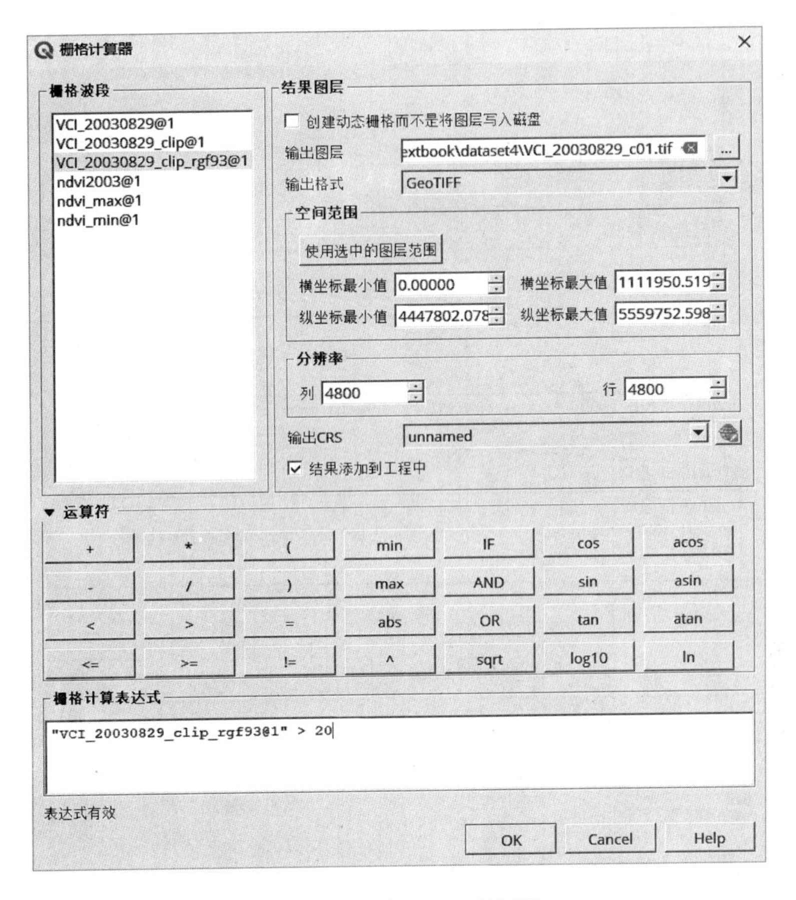

图 9-5　计算 VCI 二值图像

单击“运行”按钮，完成操作。

七、众数滤波

众数滤波可获得大的均一性区域。使用 saga 的插件进行众数滤波，不能保存为“. tif”文件，应保存为“. sdat”。由于运算量较大，该过程耗时较长。

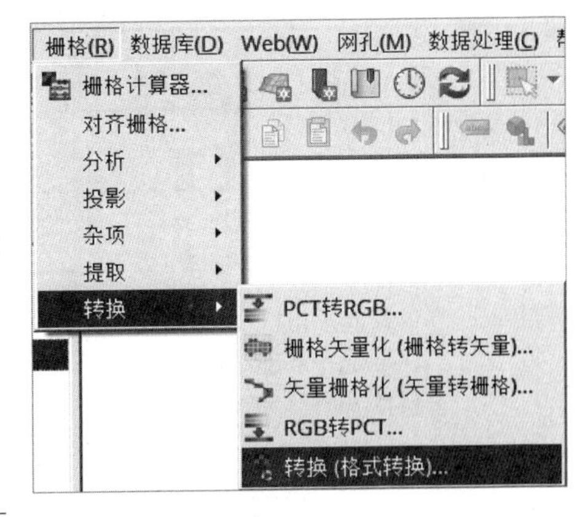

图 9-6　栅格格式转换菜单

在数据处理工具箱中，找到“SAGA | Raster - Filter | Majority/Minority Filter”，打开“Majority/Minority Filter”对话框。

设置输入图层（Grid）为“VCI _ 20030829 _ c01 _ int. tif”，滤波类型（Type）为 Majority（众数），核类型（Kernel Type）为方形（Square），搜索半径（Radius）为 40，输出图像（Filtered Grid）命名为“VCI _ 20030829 _ c01 _ int _ maj. sdat”。设置完成后如图 9-8 所示，点击“运行”按钮。

转换 (格式转换)
参数
记录
验证
帮助
其他命令行参数 [可选]
输出数据类型
Int16
转换后文件
E:/myGDB/GIS_textbook/dataset4/VCI_20030829_c01_int.tif
执行算法后打开输出文件
GDAL/OGR 控制台调用
gdal_translate -a_nodata -32768.0 -ot Int16 -of GTiff E:
\myGDB\GIS_textbook\dataset4\VCI_20030829_c01.tif E:/myGDB/GIS_textbook/
dataset4/VCI_20030829_c01_int.tif
0%
取消
高级
以批处理方式运行...
运行
Close
Help

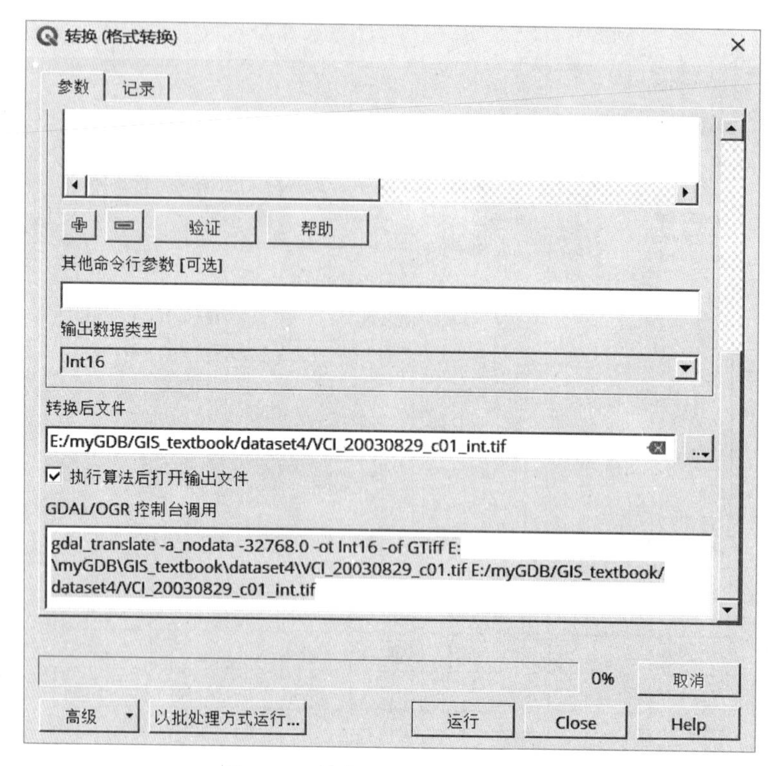

图 9－7　转换 VCI 图的数据类型

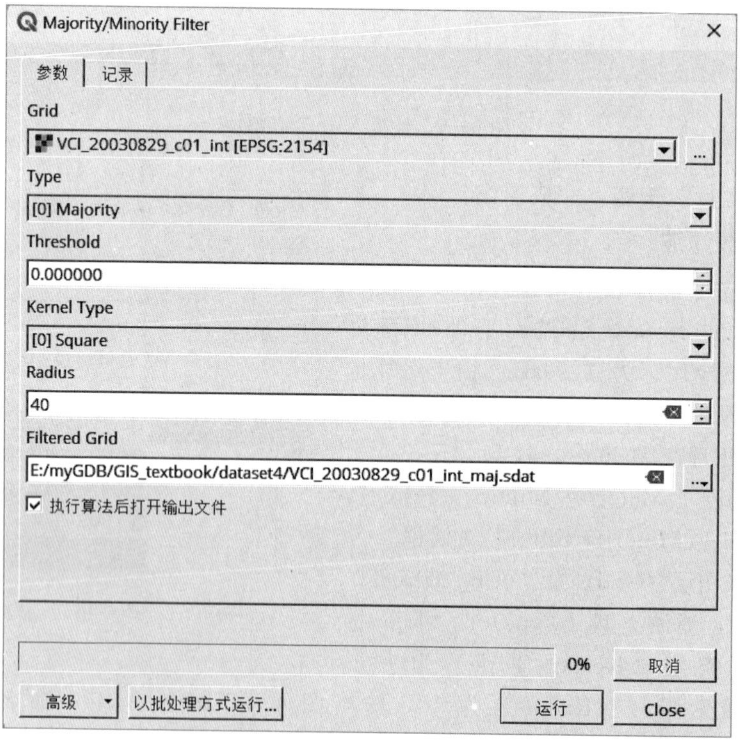

Majority/Minority Filter
参数
记录
Grid
VCI_20030829_c01_int [EPSG:2154]
Type
[0] Majority
Threshold
0.000000
Kernel Type
[0] Square
Radius
40
Filtered Grid
E:/myGDB/GIS_textbook/dataset4/VCI_20030829_c01_int_maj.sdat
执行算法后打开输出文件
0%
取消
高级
以批处理方式运行...
运行
Close

图 9－8　“Majority/Minority Filter”对话框

滤波完成后，在图层中右击“VCI _ 20030829 _ c01 _ int _ maj. sdat”文件，将其导出为“VCI _ 20030829 _ c01 _ int _ maj. tif”，完成文件格式转换。

八、将栅格转成多边形

已经生成了干旱区域的栅格数据，为压缩数据存储空间，将栅格数据转化为矢量数据（多边形），并删除无用数据和小区域多边形。

（1）在菜单栏找到“栅格｜转换｜栅格矢量化（栅格转矢量）...”，如图 9－9 所示，打开“栅格矢量化（栅格转矢量）”对话框。

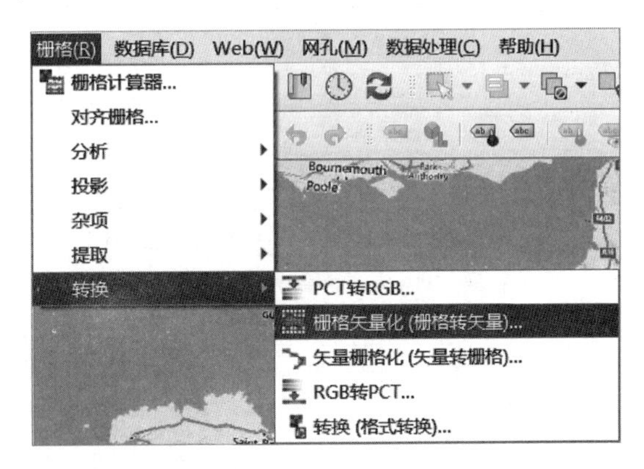

图 9－9　栅格转矢量菜单

（2）在“栅格矢量化（栅格转矢量）”对话框中，将输入图层设为“VCI _ 20030829 _ c01 _ int _ maj. tif”，输出图层命名为“VCI _ 20030829 _ c01 _ poly. shp”，如图 9－10 所示。点击运行按钮，完成转化。

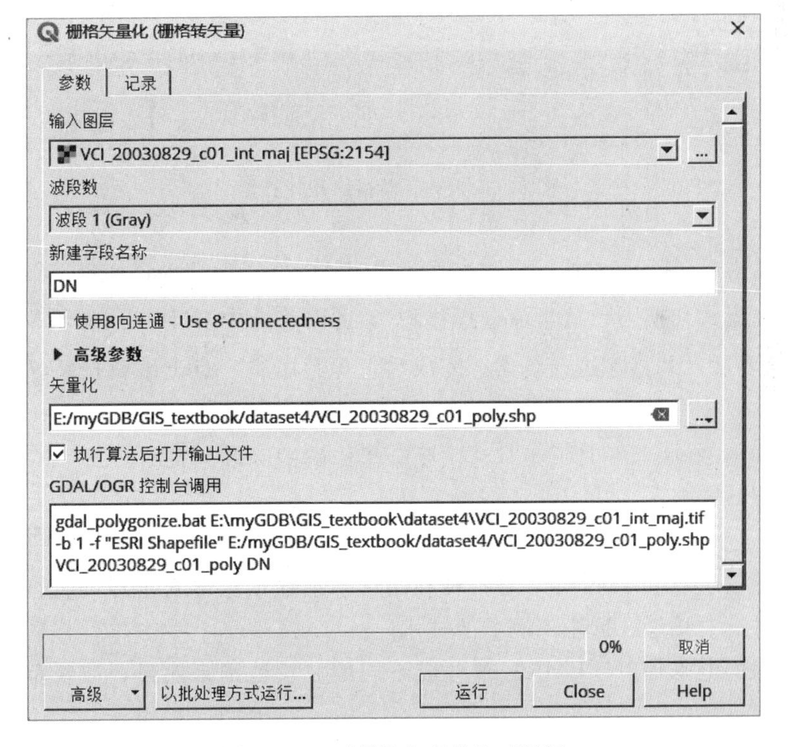

图 9－10　“栅格矢量化”对话框

九、删除小面积多边形和非干旱区

打开“VCI _ 20030829 _ c01 _ poly. shp”图层的属性表，使用字段计算器新增面积字段“area”，并计算面积值。如图 9－11 所示，area 类型设为小数（实型），精度设为 1，点击 OK 按钮。

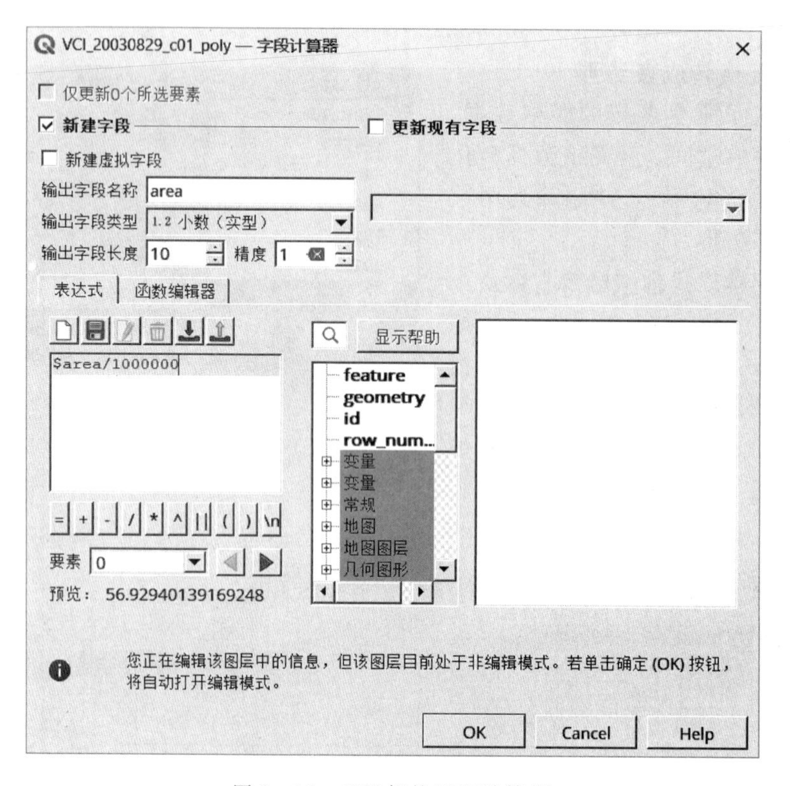

图 9-11　VCI 栅格面积计算器

打开按表达式选择 对话框，输入表达式“"DN"=1 or "area" <6.25”，如图 9-12 所示，将选择模式切换为“从当前选择移除”。此时将选中 DN=1（非干旱区）和面积小于 6.25 的要素，并移除这些要素。完成后，保存编辑，点击编辑按钮 ，退出编辑模式。

最后绘制出 2003 年 8 月下半月法国受干旱影响的区域分布图。

本 章 知 识 点

（1）遥感（remote sensing）是一种利用反射射线或信号对地球的特征或者地球上物体的特征进行非接触、远距离测量的技术。

（2）反射的电磁辐射（EMR）被分成不同的波长范围来测量，波长范围被称为波段（Bands）。

（3）反射的电磁辐射（EMR）被转化为图像，这种图像中的每个像元对应一个离散值（discrete number，DN）称为 DN 值。

（4）遥感图像的主要特征。

（5）植被状态指数（Vegetation Condition Index，VCI）。

（6）栅格图重新投影

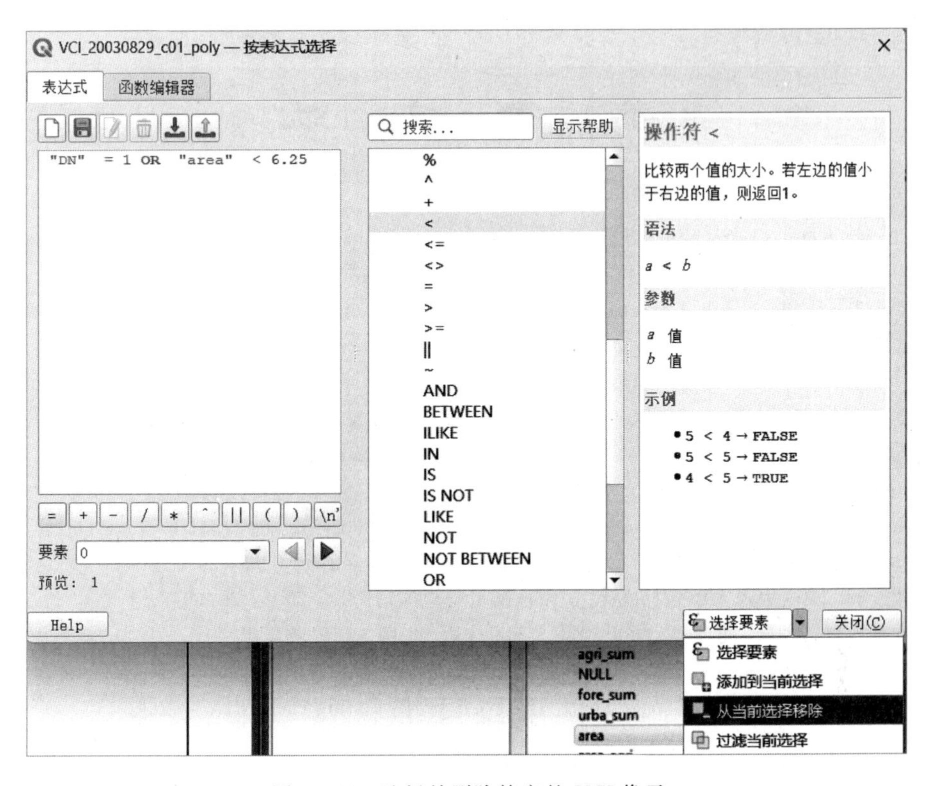

图 9-12　选择并删除特定的 VCI 像元

（7）栅格计算器。

（8）二值图像。

（9）栅格图转矢量图。

项　目　实　践

（1）依据所学知识，利用地面覆盖度地图（landcover. tif），提取农业区，计算受干旱影响的农业区面积。在地面覆盖度地图中，像元的值为 11 代表夏季作物（summer crop），12 代表冬季作物（winter crop），211 代表永久草地（permanent grassland），222 代表葡萄园（vine）。

（2）编辑地图要素的样式，制作完整的 PDF 地图。

参　考　文　献

[1] Chang, Kang - Tsung. Introduction to geographic information systems [M]. Ninth Edition. New York: McGraw - Hill Education, 2018.

[2] Ian Heywood, Sarah Cornelius, Steve Carver. An introduction to geographical information systems [M]. Third Edition. New York: Pearson Education Limited, 2006.

[3] Markus Neteler, Helena Mitasova. Open Source GIS A GRASS GIS Approach [M]. Third Edition. New York: Springer Science+Business Media, LLC., 2008.

[4] Plant, Richard E. Spatial data analysis in ecology and agriculture using R [M]. Second Edition. New York: Taylor & Francis Group, LLC., 2019.

[5] Roger S. Bivand, Edzer Pebesma, Virgilio Gómez - Rubio. Applied Spatial Data Analysis with R [M]. Second Edition. New York: Springer Science+Business Media, 2013.

[6] 魏子卿. 2000 中国大地坐标系 [J]. 大地测量与地球动力学，2008, 28 (6): 1 - 5.

[7] 黄杏元，马劲松. 地理信息系统概论 [M]. 3 版. 北京：高等教育出版社，2008.

[8] Hans van der Kwast and Kurt Menke. QGIS for Hydrological Applications Recipes for Catchment Hydrology and Water Management [M]. New York: Locate Press LLC., 2020.

[9] Alexander Bruy, Daria Svidzinska. QGIS By Example [M]. New York: Packt Publishing Ltd., 2015.

[10] Nicolas Baghdadi, Clément Mallet, Mehrez Zribi (Edited). QGIS and Applications in Agriculture and Forest [M]. New York: ISTE Ltd and John Wiley & Sons, Inc., 2018.

[11] Nicolas Baghdadi, Clément Mallet, Mehrez Zribi (Edited). QGIS and Applications in Water and Risks [M]. New York: ISTE Ltd and John Wiley & Sons, Inc., 2018.

[12] Edzer J. Pebesma. gstat user's manual [EB/OL]. Utrecht, The Netherlands: Dept. of Physical Geography, Utrecht University [2023 - 09 - 04]. https: //www. gstat. org/.

[13] Edzer Pebesma. The meuse data set: a brief tutorial for the gstat R package [M]. 2022.

[14] Kurt Menke, Dr. Richard Smith Jr., Dr. Luigi Pirelli, Dr. John Van Hoesen. Mastering QGIS [M]. New York: Packt Publishing Ltd., 2015.

[15] Shammunul Islam. Hands - On Geospatial Analysis with R and QGIS [M]. New York: Packt Publishing Ltd., 2018.

[16] Ben Mearns. QGIS Blueprints [M]. New York: Packt Publishing Ltd., 2015.

[17] Alex Mandel, Víctor Olaya Ferrero, Anita Graser, Alexander Bruy. QGIS 2 Cookbook [M]. New York: Packt Publishing Ltd., 2016.

[18] Andrew Cutts, Anita Graser. Learn QGIS [M]. Fourth Edition. New York: Packt Publishing Ltd., 2018.

[19] Anita Graser and Gretchen N. Peterson. QGIS Map Design [M]. Second Edition. New York: Locate Press LLC., 2020.

[20] Thomas M. Lillesand, Ralph W. Kiefer, Jonathan W. Chipman. Remote sensing and image interpretation [M]. Seventh Edition. New York: John Wiley & Sons, Inc., 2015.

词 汇 表

条 目	含 义
DN值	反射的电磁辐射（EMR）被转化为图像，这种图像中的每个像元对应一个离散值（discrete number，DN）称为DN值
QGIS数据处理框架	是一个地理处理环境，用于调用本地算法和第三方算法，这些算法可以帮助你高效地完成空间分析工作
SQL	结构化查询语言，是一种专门为数据库管理而设计的计算机语言
标准线	指投影面与地球表面的切线
表	是一种结构化的文件，用来存储某种特定类型的数据
表的关联	在关联操作中，两张表仍然通过一个公共字段联系在一起，但是记录并不连接，两张表仍然保持独立
表的连接	执行表的连接操作时，两张独立的表会成为一张表，新表包含原来的两张中的全部信息
波段	反射的电磁辐射（EMR）被分成不同的波长范围来测量，波长范围被称为波段（Bands）
地理参照	指建立平面地图的图面坐标与已知实际坐标的关系，类似于建立投影坐标系
地理空间	指上至大气电离层，下至地壳与地幔交界的莫霍面之间的空间区域
地理配准	一般是指为没有坐标系统的栅格数据设置坐标参照系统（CRS）
地理数据	与地理环境要素有关的物质的数量、质量、分布特征、联系和规律的数字、文字、图像等
地理信息	指地理数据所蕴含和表达的地理含义
地理信息系统	指用于地理信息的收集、储存、查询、分析和展示工作的计算机硬件和软件的集合
地理坐标系	是用于定义地球表面空间实体位置的参照系，由椭球体、基准面和经纬度定义
地图比例尺	地图上的线段长度与实地相应线段经水平投影的长度之比
地图投影	依据一定的数学法则，将不可展开的地表曲面映射到平面上或可展开成平面的曲面（如，圆锥面、圆柱面等）上，最终在地表面点和平面点之间建立一一对应的关系
动态投影	On-The-Fly Projection，即当新建一个项目时，可以定义特定的投影，后续添加的图层都将采用该投影进行显示
服务区	指在给定路径成本（例如河道长度）的前提下，从网络的某个节点出发所能到达的网络的子集
关系型数据库	指采用了关系模型来组织数据的数据库
基准面	Datum，是选定的旋转椭球体上的点的测量参照系统，定义了经纬度的原点和方向、椭球体与地球中心的偏移量以及测量单位
记录	表中的行，一条记录由多个列组成，可以包含不同的数据类型
经度	是从本初子午线向东或向西偏移多少度
局部比例尺	远离标准线比例尺会发生改变，即大于或小于主比例尺，该比例尺称为局部比例尺

续表

条　目	含　义
局部插值法	指用一个已知点的样本去估计未知值，这个样本只包含部分已知点而非全部
空间插值	即通过有限的已知样点的值推测样点附近未知地点的值
空间分幅	指将整个地理空间划分为多个子空间，再选择要描述的子空间
空间特征	指地理现象和过程所在的位置、形状和大小等几何特征，以及与相邻地理现象和过程之间的空间关系
空间相关性	对于地理上连续分布的现象，邻近点之间的关联性强，较远的点之间相关性弱或者无关
离散型数据	指其数值只能用自然数或整数单位计算的数据，所表示的空间要素具有明确的边界
连续型数据	指在一定区间内可以任意取值的数据，其数值是连续不断的
时间分段	指将有时间特征的 GIS 数据按其变化规律划分为不同时间段的数据，逐一表达
矢量数据结构	是利用欧氏空间的点、线、面等几何元素来表达空间要素的几何特征及其空间分布的一种数据组织形式
属性分层	指将要描述的 GIS 数据抽象成不同类型属性的数据层，根据制图目的将图层叠加构成想要的地图
属性特征	描述的是地理现象和过程具有的专属性质，如名称、数量、质量等，也称为主题特征(thematic characteristics)
树型结构	由节点和边组成，节点代表文件，边代表两个节点之间的关系
数据	在计算机科学中指通过数字化以记录下来并被人类所识别的符号
数据格式	是数据保存在计算机文件中的编排格式
数据库	是保存有组织的数据的容器
填洼	未经处理的 DEM 可能存在一些人为的洼坑，这些洼坑是网格化过程中产生的误差，剔除洼坑的过程称为“填洼”
投影转换	研究从一种地图投影变为另一种地图投影的理论和方法，其实质是建立两个投影平面间点的对应关系
驼峰命名法	指当变量名或函数名由一个或多个单词连结在一起构成时，第一个单词以小写字母开始，从第二个单词开始以后的每个单词的首字母都采用大写字母
网络	是一组连通或相交的线或元素
纬度	是从赤道平面向北或者向南偏移多少度
信息	指表征事物特征的一种形式，信息＝数据＋语境
旋转椭球体	是一个可以用数学公式描述的规则的几何表面，由一个椭圆围绕其短轴旋转形成，用来大致模拟地球形状，可以作为确定地球表面位置的基准
遥感	是一种利用反射射线或信号对地球的特征或者地球上物体的特征进行非接触、远距离测量的技术
栅格数据结构	指将空间分割成有规则的网格，在各个网格上给出相应的属性值来表示空间实体的一种数据组织形式
整体插值法	指使用全部的已知点去估计未知点，包含趋势面模型和回归模型

续表

条 目	含 义
直角坐标系	一种特殊的笛卡儿坐标系（Cartesian coordinates），由两个互相垂直的数轴组成，通常将水平方向的数轴称为 x 轴，将垂直方向的数轴称为 y 轴两数轴的交点称为原点，通常标记为 O
主比例尺	由于投影中必然存在变形，地图上只有标准线上能够保持该比例尺，该比例尺称为地图主比例尺或普通比例尺
主键	能够唯一标识表中每一行的列
字段	表中的列，储存一个变量的属性信息
坐标参照系统	CRS，定义了二维地图坐标与地球表面位置相关联的方法。即描述了 GCS，也描述了投影方法

附录1

常用的插件

QuickOSM

通过 Overpass API 下载 OSM 数据，也可以用于打开 OSM 或 PBF 文件。可以直接加载 .osm 文件或 .pbf 文件，但是解析时间过长，对于大文件而言，现实中无法加载。建议区域下载 osm 数据，然后解析为 geopackage 格式，再加载。

QuickMapServices

是一个整合的网页地图服务，便于加载背景地图。由 NextGIS 开发，开发者并不提供地图数据。

Georeferencer GDAL

QGIS 的核心插件，用于栅格地图配准。

Spreadsheet Layers

从电子表格文档（如 *.ods，*.xls，*.xlsx）中加载地理数据，创建图层。

该插件在“图层/添加新图层”菜单中添加了一个名为“添加电子表格图层”的条目，并在“图层（Layers）”工具栏中添加了相应的按钮。这两个链接打开同一个对话框，从带有某些选项的电子表格文件（*.ods、*.xls、*..xlsx）加载图层（在第一行使用标题，忽略某些行，并可选地从 x 和 y 字段加载几何图形）。当该对话框被接受时，它会在与源数据文件和图层名称相同的文件夹中创建一个新的 GDAL VRT 文件，并用 .VRT 后缀，该后缀使用 OGR VRT 驱动程序加载到 QGIS 中。该插件无需安装其他依赖项。

Flow Trace

查找网络中选定弧段的上游弧段和下游弧段。

此插件将选择从选定线段开始的所有上游多段线线段。唯一需要提供的数据是具有多线段的图层和图层中的选定要素。如果未选择任何分段，则您的数据存在连接问题。它将根据数字化的方向选择上游节点。

QNEAT3

QGIS Network Analysis Toolbox 3（QGIS 网络分析工具箱 3）的缩写，可以进行 OD 成本矩阵分析。

ORS 工具插件

在 QGIS 中执行服务区域分析和路径分析。

Qgis2threejs

基于 WebGL 技术和 three. js JavaScript 库的三维可视化插件。

该插件在 Web 浏览器上以 3D 形式可视化 DEM 和矢量数据。可以在简单的过程中构建各种三维对象并生成用于 Web 发布的文件。此外，可以将 3D 模型保存为 glTF 格式，以便进行 3DCG 或 3D 打印。

Disconnected Islands

在传输网络层中查找断开连接的“孤岛”，以便检查连通性错误，确保网络分析顺利进行。设置容差字段可允许拓扑误差。

该插件在多段线（polyline）图层上运行，构建连接链路的道路（或铁路等）网络图。然后，它分析连接的子图，创建一个包含子图的组 ID 的附加属性字段。该字段可以用于设置图层的样式。断开的链接可以被修复。

Online Routing Mapper

使用线上地图服务规划旅游路径。

Networks

管理线性网络并计算多模式路由和可达性。从线性图层生成图形、反转和分割多段线、将点连接到线性对象、为辅助功能地图执行基于线性的确定性插值和构建等时线多边形等功能。计算多模式路由和辅助功能。包括用于测试的数据集、Musliw 文档和用于检测非连接节点的算法。

Station Lines

使用某些参数（长度、边、角度）沿多段线（polyline）创建直线。它采用笛卡儿坐标系。

Processing R Provider

R 软件算法提供者，可连接 R 软件，调用 R 脚本，扩展 QGIS 的数据分析功能。

Coordinate Capture

用鼠标捕获不同 CRS 中的坐标信息，是已废弃的核心插件 Coordinate Capture 的 Python 端口。

附录 2

meuse 数据

编号	x	y	cadmium	copper	lead	zinc	elev	ffreq	soil	dist. m
1	181072	333611	11. 7	85	299	1022	7. 909	1	1	50
2	181025	333558	8. 6	81	277	1141	6. 983	1	1	30
3	181165	333537	6. 5	68	199	640	7. 8	1	1	150
4	181298	333484	2. 6	81	116	257	7. 655	1	2	270
5	181307	333330	2. 8	48	117	269	7. 48	1	2	380
6	181390	333260	3	61	137	281	7. 791	1	2	470
7	181165	333370	3. 2	31	132	346	8. 217	1	2	240
8	181027	333363	2. 8	29	150	406	8. 49	1	1	120
9	181060	333231	2. 4	37	133	347	8. 668	1	1	240
10	181232	333168	1. 6	24	80	183	9. 049	1	2	420
11	181191	333115	1. 4	25	86	189	9. 015	1	2	400
12	181032	333031	1. 8	25	97	251	9. 073	1	1	300
13	180874	333339	11. 2	93	285	1096	7. 32	1	1	20
14	180969	333252	2. 5	31	183	504	8. 815	1	1	130
15	181011	333161	2	27	130	326	8. 937	1	1	220
16	180830	333246	9. 5	86	240	1032	7. 702	1	1	10
17	180763	333104	7	74	133	606	7. 16	1	1	10
18	180694	332972	7. 1	69	148	711	7. 1	1	1	10
19	180625	332847	8. 7	69	207	735	7. 02	1	1	10
20	180555	332707	12. 9	95	284	1052	6. 86	1	1	10
21	180642	332708	5. 5	53	194	673	8. 908	1	1	80
22	180704	332717	2. 8	35	123	402	8. 99	1	1	140
23	180704	332664	2. 9	35	110	343	8. 83	1	1	160
24	181153	332925	1. 7	24	85	218	9. 02	1	2	440
25	181147	332823	1. 4	26	75	200	8. 976	1	2	490
26	181167	332778	1. 5	22	76	194	8. 973	1	2	530

续表

编号	x	y	cadmium	copper	lead	zinc	elev	ffreq	soil	dist. m
27	181008	332777	1. 3	27	73	207	8. 507	1	2	400
28	180973	332687	1. 3	24	67	180	8. 743	1	2	400
29	180916	332753	1. 8	22	87	240	8. 973	1	2	330
30	181352	332946	1. 5	21	65	180	9. 043	1	2	630
31	181133	332570	1. 3	29	78	208	8. 688	1	2	570
32	180878	332489	1. 3	21	64	198	8. 727	1	2	390
33	180829	332450	2. 1	27	77	250	8. 328	1	2	360
34	180954	332399	1. 2	26	80	192	7. 971	1	2	500
35	180956	332318	1. 6	27	82	213	7. 809	1	2	550
37	180710	332330	3	32	97	321	6. 986	1	2	340
38	180632	332445	5. 8	50	166	569	7. 756	1	2	210
39	180530	332538	7. 9	67	217	833	7. 784	1	1	60
40	180478	332578	8. 1	77	219	906	7	1	1	10
41	180383	332476	14. 1	108	405	1454	6. 92	1	1	20
42	180494	332330	2. 4	32	102	298	7. 516	1	2	170
43	180561	332193	1. 2	21	48	167	8. 18	1	2	320
44	180451	332175	1. 7	22	65	176	8. 694	1	2	260
45	180410	332031	1. 3	21	62	258	9. 28	1	2	360
46	180355	332299	4. 2	51	281	746	7. 94	1	2	100
47	180292	332157	4. 3	50	294	746	6. 36	1	2	200
48	180283	332014	3. 1	38	211	464	7. 78	1	2	320
49	180282	331861	1. 7	26	135	365	8. 18	1	2	480
50	180270	331707	1. 7	24	112	282	9. 42	1	2	660
51	180199	331591	2. 1	32	162	375	8. 867	1	2	690
52	180135	331552	1. 7	24	94	222	8. 292	1	2	710
53	180237	332351	8. 2	47	191	812	8. 06	1	1	10
54	180103	332297	17	128	405	1548	7. 98	1	1	10
55	179973	332255	12	117	654	1839	7. 9	1	1	10
56	179826	332217	9. 4	104	482	1528	7. 74	1	1	10
57	179687	332161	8. 2	76	276	933	7. 552	1	1	20
58	179792	332035	2. 6	36	180	432	7. 76	1	1	200
59	179902	332113	3. 5	34	207	550	6. 74	1	1	140
60	180100	332213	10. 9	90	541	1571	6. 68	1	1	70
61	179604	332059	7. 3	80	310	1190	7. 4	1	1	20
62	179526	331936	9. 4	78	210	907	7. 44	1	1	10

续表

编号	x	y	cadmium	copper	lead	zinc	elev	ffreq	soil	dist. m
63	179495	331770	8. 3	77	158	761	7. 36	1	1	10
64	179489	331633	7	65	141	659	7. 2	1	1	20
65	179414	331494	6. 8	66	144	643	7. 22	1	1	10
66	179334	331366	7. 4	72	181	801	7. 36	1	1	20
67	179255	331264	6. 6	75	173	784	5. 18	1	1	20
69	179470	331125	7. 8	75	399	1060	5. 8	1	1	270
75	179692	330933	0. 7	22	45	119	7. 64	1	1	560
76	179852	330801	3. 4	55	325	778	6. 32	1	1	750
79	179140	330955	3. 9	47	268	703	5. 76	1	1	80
80	179128	330867	3. 5	46	252	676	6. 48	1	1	130
81	179065	330864	4. 7	55	315	793	6. 48	1	1	110
82	179007	330727	3. 9	49	260	685	6. 32	1	1	200
83	179110	330758	3. 1	39	237	593	6. 32	1	1	260
84	179032	330645	2. 9	45	228	549	6. 16	1	1	270
85	179095	330636	3. 9	48	241	680	6. 56	1	1	320
86	179058	330510	2. 7	36	201	539	6. 9	1	1	360
87	178810	330666	2. 5	36	204	560	7. 54	1	1	80
88	178912	330779	5. 6	68	429	1136	6. 42	1	1	100
89	178981	330924	9. 4	88	462	1383	6. 28	1	1	70
90	179076	331005	10. 8	85	333	1161	6. 34	1	1	20
123	180151	330353	18. 1	76	464	1672	7. 307	1	1	50
160	179211	331175	6. 3	63	159	765	5. 7	1	1	80
163	181118	333214	2. 1	32	116	279	7. 72	1	2	290
70	179474	331304	1. 8	25	81	241	7. 932	2	2	160
71	179559	331423	2. 2	27	131	317	7. 82	2	1	160
91	179022	330873	2. 8	36	216	545	8. 575	2	1	140
92	178953	330742	2. 4	41	145	505	8. 536	2	1	150
93	178875	330516	2. 6	33	163	420	8. 504	2	1	220
94	178803	330349	1. 8	27	129	332	8. 659	2	1	280
95	179029	330394	2	38	148	400	7. 633	2	1	450
96	178605	330406	2. 7	37	214	553	8. 538	2	1	70
97	178701	330557	2. 7	34	226	577	7. 68	2	1	70
98	179547	330245	0. 9	19	54	155	7. 564	2	1	340
99	179301	330179	0. 9	22	70	224	7. 76	2	1	470
100	179405	330567	0. 4	26	73	180	7. 653	2	1	630

续表

编号	x	y	cadmium	copper	lead	zinc	elev	ffreq	soil	dist. m
101	179462	330766	0. 8	25	87	226	7. 951	2	1	460
102	179293	330797	0. 4	22	76	186	8. 176	2	1	320
103	179180	330710	0. 4	24	81	198	8. 468	2	1	320
104	179206	330398	0. 4	18	68	187	8. 41	2	1	540
105	179618	330458	0. 8	23	66	199	7. 61	2	1	420
106	179782	330540	0. 4	22	49	157	7. 792	2	1	380
108	179980	330773	0. 4	23	63	203	8. 76	2	2	500
109	180067	331185	0. 4	23	48	143	9. 879	2	3	760
110	180162	331387	0. 2	23	51	136	9. 097	2	2	750
111	180451	331473	0. 2	18	50	117	9. 095	2	3	1000
112	180328	331158	0. 4	20	39	113	9. 717	2	3	860
113	180276	330963	0. 2	22	48	130	9. 924	2	3	680
114	180114	330803	0. 2	27	64	192	9. 404	2	3	500
115	179881	330912	0. 4	25	84	240	10. 52	2	3	650
116	179774	330921	0. 2	30	67	221	8. 84	2	3	630
117	179657	331150	0. 2	23	49	140	8. 472	2	3	410
118	179731	331245	0. 2	24	48	128	9. 634	2	3	390
119	179717	331441	0. 2	21	56	166	9. 206	2	2	310
120	179446	331422	0. 2	24	65	191	8. 47	2	1	70
121	179524	331565	0. 2	21	84	232	8. 463	2	1	70
122	179644	331730	0. 2	23	75	203	9. 691	2	1	150
124	180321	330366	3. 7	53	250	722	8. 704	2	2	80
125	180162	331837	0. 2	33	81	210	9. 42	2	2	450
126	180029	331720	0. 2	22	72	198	9. 573	2	2	530
127	179797	331919	0. 2	23	86	139	9. 555	2	1	240
128	179642	331955	0. 2	25	94	253	8. 779	2	1	70
129	179849	332142	1. 2	30	244	703	8. 54	2	1	70
130	180265	332297	2. 4	47	297	832	8. 809	2	1	60
131	180107	332101	0. 2	31	96	262	9. 523	2	1	190
132	180462	331947	0. 2	20	56	142	9. 811	2	2	450
133	180478	331822	0. 2	16	49	119	9. 604	2	2	550
134	180347	331700	0. 2	17	50	152	9. 732	2	2	650
135	180862	333116	0. 4	26	148	415	9. 518	2	1	100
136	180700	332882	1. 6	34	162	474	9. 72	2	1	170
161	180201	331160	0. 8	18	37	126	9. 036	2	3	860

续表

编号	x	y	cadmium	copper	lead	zinc	elev	ffreq	soil	dist. m
162	180173	331923	1. 2	23	80	210	9. 528	2	2	410
137	180923	332874	0. 2	20	80	220	9. 155	3	1	290
138	180467	331694	0. 2	14	49	133	10. 08	3	2	680
140	179917	331325	0. 8	46	42	141	9. 97	3	2	540
141	179822	331242	1	29	48	158	10. 136	3	2	480
142	179991	331069	0. 8	19	41	129	10. 32	3	3	720
143	179120	330578	1. 2	31	73	206	9. 041	3	1	380
144	179034	330561	2	27	146	451	7. 86	3	1	310
145	179085	330433	1. 5	29	95	296	8. 741	3	1	430
146	179236	330046	1. 1	22	72	189	7. 822	3	1	370
147	179456	330072	0. 8	20	51	154	7. 78	3	1	290
148	179550	329940	0. 8	20	54	169	8. 121	3	1	150
149	179445	329807	2. 1	29	136	403	8. 231	3	1	70
150	179337	329870	2. 5	38	170	471	8. 351	3	1	220
151	179245	329714	3. 8	39	179	612	7. 3	3	1	80
152	179024	329733	3. 2	35	200	601	7. 536	3	1	120
153	178786	329822	3. 1	42	258	783	7. 706	3	1	120
154	179135	329890	1. 5	24	93	258	8. 07	3	1	260
155	179030	330082	1. 2	20	68	214	8. 226	3	1	440
156	179184	330182	0. 8	20	49	166	8. 128	3	1	540
157	179085	330292	3. 1	39	173	496	8. 577	3	1	520
158	178875	330311	2. 1	31	119	342	8. 429	3	1	350
159	179466	330381	0. 8	21	51	162	9. 406	3	1	460
164	180627	330190	2. 7	27	124	375	8. 261	3	3	40

附录 3

SQLite 保 留 字

ABORT
ACTION
ADD
AFTER
ALL
ALTER
ALWAYS
ANALYZE
AND
AS
ASC
ATTACH
AUTOINCREMENT
BEFORE
BEGIN
BETWEEN
BY
CASCADE
CASE
CAST
CHECK
COLLATE
COLUMN
COMMIT
CONFLICT
CONSTRAINT
CREATE
CROSS
CURRENT
CURRENT_DATE
CURRENT_TIME
CURRENT_TIMESTAMP
DATABASE
DEFAULT
DEFERRABLE
DEFERRED
DELETE
DESC
DETACH
DISTINCT
DO
DROP
EACH
ELSE
END
ESCAPE
EXCEPT
EXCLUDE
EXCLUSIVE
EXISTS
EXPLAIN
FAIL
FILTER
FIRST
FOLLOWING
FOR
FOREIGN
FROM
FULL
GENERATED
GLOB
GROUP
GROUPS
HAVING
IF
IGNORE
IMMEDIATE
IN
INDEX
INDEXED
INITIALLY
INNER
INSERT
INSTEAD
INTERSECT
INTO
IS
ISNULL
JOIN
KEY
LAST
LEFT
LIKE
LIMIT

MATCH
MATERIALIZED
NATURAL
NO
NOT
NOTHING
NOTNULL
NULL
NULLS
OF
OFFSET
ON
OR
ORDER
OTHERS
OUTER
OVER
PARTITION
PLAN
PRAGMA
PRECEDING
PRIMARY
QUERY
RAISE
RANGE
RECURSIVE
REFERENCES
REGEXP
REINDEX
RELEASE
RENAME
REPLACE
RESTRICT
RETURNING
RIGHT
ROLLBACK
ROW
ROWS
SAVEPOINT
SELECT
SET
TABLE
TEMP
TEMPORARY
THEN
TIES
TO
TRANSACTION
TRIGGER
UNBOUNDED
UNION
UNIQUE
UPDATE
USING
VACUUM
VALUES
VIEW
VIRTUAL
WHEN
WHERE
WINDOW
WITH
WITHOUT

附录 4

本教材用到的坐标参照系统

EPSG：4326

WGS 84—WGS84 - World Geodetic System 1984，used in GPS

Attributes：

Unit：degree（supplier to define representation）

Geodetic CRS：WGS 84

Datum：World Geodetic System 1984 ensemble

Data source：EPSG

Information source：EPSG. See 3D CRS for original information source.

Scope：Horizontal component of 3D system.

Area of use：World.

Coordinate system：Ellipsoidal 2D CS. Axes：latitude，longitude. Orientations：north，east. UoM：degree

EPSG：4490

China Geodetic Coordinate System 2000

Attributes：

Unit：degree（supplier to define representation）

Geodetic CRS：China Geodetic Coordinate System 2000

Datum：China 2000

Ellipsoid：CGCS2000

Prime meridian：Greenwich

Data source：EPSG

Information source：EPSG. See 3D CRS for original information source.

Scope：Horizontal component of 3D system.

Remarks：Adopted July 2008. Replaces Xian 1980（CRS code 4610）.

Area of use：China – onshore and offshore.

Coordinate system：Ellipsoidal 2D CS. Axes：latitude，longitude. Orientations：north，east. UoM：degree

EPSG：28992

Amersfoort/RD New—Netherlands – Holland – Dutch

Attributes：

Unit：metre

Geodetic CRS：Amersfoort

Datum：Amersfoort

Ellipsoid：Bessel 1841

Prime meridian：Greenwich

Data source：EPSG

Information source：NSGI：Netherlands Partnership of Kadaster，Rijkswaterstaat and Hydrographic Service，http://www. nsgi. nl/.

Scope：Engineering survey，topographic mapping.

Remarks：Replaces 28991 (Amersfoort/RD Old).

Area of use：Netherlands – onshore，including Waddenzee，Dutch Wadden Islands and 12 – mile offshore coastal zone.

Coordinate system：Cartesian 2D CS. Axes：easting，northing (X，Y). Orientations：east，north. UoM：m.

EPSG：32632

WGS 84/UTM zone 32N

Attributes：

Unit：metre

Geodetic CRS：WGS 84

Datum：World Geodetic System 1984 ensemble

Data source：EPSG

Scope：Engineering survey，topographic mapping.

Area of use：Between 6°E and 12°E，northern hemisphere between equator and 84°N，onshore and offshore. Algeria. Austria. Cameroon. Denmark. Equatorial Guinea. France. Gabon. Germany. Italy. Libya. Liechtenstein. Monaco. Netherlands. Niger. Nigeria. Norway. Sao Tome and Principe. Svalbard. Sweden. Switzerland. Tunisia. Vatican City State.

Coordinate system：Cartesian 2D CS. Axes：easting，northing（E，N）. Orientations：east，north. UoM：m.

EPSG：2154

RGF93 v1/Lambert-93—France

Attributes：

Unit：metre

Geodetic CRS：RGF93 v1

Datum：Reseau Geodesique Francais 1993 v1

Ellipsoid：GRS 1980

Prime meridian：Greenwich

Data source：EPSG

Information source：IGN-Paris

Scope：Engineering survey，topographic mapping.

Area of use：France-onshore and offshore，mainland and Corsica（France métropolitaine including Corsica）.

Coordinate system：Cartesian 2D CS. Axes：easting，northing（X，Y）. Orientations：east，north. UoM：m.

EPSG：26718

NAD27/UTM zone 18N

Attributes：

Unit：metre

Geodetic CRS：NAD 27

Datum：North American Datum 1927

Ellipsoid：Clarke 1866

Prime meridian：Greenwich

Data source：EPSG

Scope：Engineering survey，topographic mapping.

Remarks：In Ontario replaced by NAD27（76）/UTM zone 18N（code 2030）. In Quebec replaced by NAD27（CGQ77）/UTM zone 18N（code 2032）.

Area of use：North America-between 78°W and 72°W. Bahamas. Canada-Nunavut；Ontario；Quebec. Cuba. United States（USA）-Connecticut；Delaware；Maryland；Massachusetts；New Hampshire；New Jersey；New York；North Carolina；Pennsylvania；Virginia；Vermont. Onshore for Canadian arctic. onshore and offshore for US east coast and Cuba, with usage in Bahamas onshore plus offshore over internal continental shelf only.

Coordinate system: Cartesian 2D CS. Axes: easting, northing (E, N). Orientations: east, north. UoM: m.